O NOVO NORMAL

JENNIFER ASHTON
com SARAH TOLAND

O NOVO NORMAL

Como colocar em prática a resiliência em tempos de pandemia

TRADUÇÃO
CAROLINA CAIRES COELHO

LATITUDE°

Este livro traz conselhos e informações relacionados a cuidados com a saúde. Não tem a intenção de substituir indicações médicas e deve ser usado para suplementar e não trocar as consultas regulares com seu médico. Recomendamos que você busque conselho de um profissional antes de seguir em qualquer programa ou tratamento de saúde. Todos os esforços foram feitos para garantir a exatidão da informação contida neste livro na data de sua publicação. A editora e o autor se eximem de responsabilidade por qualquer reação que possa ocorrer como resultado da aplicação dos métodos sugeridos neste livro.

TÍTULO ORIGINAL *The New Normal*: *A roadmap to resilience in the pandemic era*

Latitude é o selo de aperfeiçoamento pessoal da VR Editora

DIREÇÃO EDITORIAL Marco Garcia
EDIÇÃO Marcia Alves
PREPARAÇÃO Maria Isabel Ferrazoli
REVISÃO Laila Guilherme
DIAGRAMAÇÃO Gabrielly Alice da Silva
CAPA Lisa Amoroso

Dados Internacionais de Catalogação na Publicação (CIP)
(Câmara Brasileira do Livro, SP, Brasil)

Ashton, Jennifer

O novo normal : O novo normal: como colocar em prática a resiliência em tempos de pandemia / Jennifer Ashton, com Sarah Toland ; [tradução Carolina Caires Coelho]. -- Cotia, SP : Latitude, 2021.

Título original: The new normal : a roadmap to resilience in the pandemic era
ISBN 978-65-89275-08-4

1. Coronavírus (COVID-19) – Aspectos da saúde 2. Coronavírus (COVID-19) – Prevenção 3. Corpo e mente – Aspectos da saúde 4. Cuidados pessoais com a saúde 5. Saúde mental I. Toland, Sarah. II. Título.

21-66319 CDD-616.2414

Índices para catálogo sistemático:
1. Coronavírus : COVID-19 : Cuidados com a saúde : Ciências médicas 616.2414

Cibele Maria Dias – Bibliotecária – CRB-8/9427

VR EDITORA S.A.
Via das Magnólias, 327 – Sala 01 | Jardim Colibri
CEP 06713-270 | Cotia | SP
Tel.| Fax: (+55 11) 4702-9148
vreditoras.com.br | editoras@vreditoras.com.br

A todos os trabalhadores essenciais, a todos que foram pessoalmente afetados pela Covid-19, direta ou indiretamente, e a todos em todos os lugares que atuam na prevenção e no tratamento desse vírus…

E a Alex e Chloe: vocês continuam sendo meu mundo.

Sumário

Introdução

Vários meses após o início da pandemia do coronavírus, eu estava correndo no Central Park quando de repente me dei conta de que tudo estava diferente. O Central Park parecia bem igual, já que ele é um dos poucos lugares imutáveis em uma cidade que não dorme. Mas as pessoas no parque estavam diferentes – todo mundo de máscara, com muito mais corredores e bem menos turistas. E havia eu, que estava correndo no parque, o que não era comum. Mas, como não vou mais à academia, correr ao ar livre se tornou meu novo normal.

Quando eu estava terminando minha nova rotina de exercícios, quase trombei com várias dezenas de pessoas na calçada no fim do parque. Isso foi esquisito, já que os nova-iorquinos não costumam ficar parados na rua à toa. Estamos falando de uma cidade que se movimenta depressa, mas agora parecia que as pessoas tinham menos lugares para ir ou menos motivação e pressa para ir a qualquer lugar que fosse.

Então eu me dei conta do que elas estavam fazendo: esperavam numa fila para entrar em uma unidade do mercado Whole Foods. A fila dava voltas no quarteirão, com pessoas mantendo distância de dois metros umas das outras, acompanhando adesivos verdes colados na calçada. Toda vez que um consumidor saía da loja, um guarda deixava alguém entrar, lembrando a essa pessoa que era preciso seguir as setas nos corredores de sentido único dentro da loja.

Não era algo incomum. Filas estavam se formando do lado de fora das lojas de toda a cidade e de todo o país. Mas só naquele momento me dei conta do que significava: se as atividades do dia a dia, como o modo como nos exercitamos e compramos comida, mudaram tanto, nada em nosso mundo será como antes, mesmo se e quando for encontrada a cura para a Covid-19. A crise do coronavírus tem sido como um asteroide acertando a Terra: nosso mundo foi permanentemente impactado e remodelado, sem volta. Foi como se alguém tivesse, de repente, pendurado uma faixa enorme na entrada do Central Park com a frase "bem-vindos ao novo mundo". Tudo aqui está diferente. Dê uma boa olhada ao redor. E acostume-se com as coisas.

Meses depois, o novo mundo que vi fora do Central Park é agora nosso novo normal. Filas nos mercados surgiram e sumiram e as leis mudaram inevitavelmente, mas o resumo é o mesmo: o asteroide caiu e deu espaço a uma nova era. E, na era da pandemia, o que fazemos, como pensamos, o que tememos e no que acreditamos estão radicalmente diferentes, e assim será pelos próximos anos.

Nunca vi algo assim antes – ninguém viu. A pandemia do coronavírus é o maior acontecimento de nossa era. Nada na minha carreira de médica ou de profissional da saúde sequer chegou perto da narrativa da Covid-19 em termos de efeitos sociais, médicos, econômicos, políticos, físicos, mentais e emocionais. Durante essa precipitação, eu estava sentada na primeira fila, observando a história se desdobrar, interpretando suas voltas e reviravoltas e, em seguida, analisando e recontando para milhões de espectadores.

Trabalho na ABC News desde 2012 e sou a principal correspondente médica da rede desde 2017. Já participei regularmente do *Good Morning America*, *World News Tonight with David Muir*, *Nightline* e de outras programações nacionais. Quando o surto começou, passei a ficar ao ar por mais de 13 horas por dia e a transmitir o programa *GMA3: What*

You Need to Know, com Amy Robach. Desde então, vivo, durmo e até sonho com Covid-19, lendo todas as pesquisas e falando regularmente com especialistas em epidemiologia e em doenças contagiosas, com funcionários de saúde pública e com o dr. Anthony Fauci, o principal médico infectologista do país. Estive na sede do Centro de Controle e Prevenção de Doenças do Estados Unidos, o CDC (sigla em inglês de Centers for Disease Control and Prevention), em Atlanta; no laboratório de desenvolvimento de vacinas dos Estados Unidos em Bethesda, Maryland; e na Ala Oeste da Casa Branca.

Depois de tudo isso, aprendi uma lição importante: nós nunca mais seremos os mesmos. Nem você, nem eu, nem seu vizinho, nem o cara ou a garota do outro lado do mundo. Se você testemunhou o Onze de Setembro, sabe o que uma crise pode fazer a um país. O Onze de Setembro abriu nossos olhos para uma ameaça que antes era inconcebível e mudou permanentemente a vida de milhares de americanos, assim como a forma como viajamos, o que tememos, os aspectos econômicos, políticos e sociais e a paisagem física da maior cidade dos Estados Unidos.

A pandemia não alterou apenas nossas atividades cotidianas, como fazer exercícios e compras, mas também nossas necessidades básicas, por exemplo, a forma como comemos, dormimos, trabalhamos e interagimos com os outros.

O que era normal em 2019, como sair do escritório para comer, ver amigos ou a família, não é normal hoje. Assim como o Onze de Setembro, a pandemia também abriu nossos olhos para uma ameaça nova, anteriormente inconcebível – um patógeno respiratório de alto impacto nunca antes visto –, e transformou a maneira como vemos nossa saúde, o que consideramos importante e até mesmo o que julgamos ser possível.

Se você voou em um avião nos últimos vinte anos, sabe que as viagens aéreas nunca mais voltaram ao "normal" depois do Onze de Setembro. Da mesma forma, o mundo nunca vai voltar a ser como era a vida a.C. (antes do coronavírus), mesmo se desenvolvermos uma vacina eficaz e um protocolo de tratamento. Quando ouço as pessoas dizerem "quando as coisas voltarem ao normal", meu coração dói um pouco: as coisas não vão voltar ao normal porque vivemos agora nosso novo normal. E esse é um conceito muito importante para se entender.

Como médica, posso dizer com certeza que o coronavírus não vai desaparecer em breve. Doenças infecciosas como Covid-19, que são altamente transmissíveis mas não consistentemente mortais, são as mais difíceis de controlar, enquanto doenças como o Ebola, mais letais mas também mais difíceis de contrair, costumam ser mais fáceis de conter e erradicar. Se precisar de prova, veja a gripe, que é altamente transmissível e não tão mortal – algo que ainda não está sob controle.

Em vez de esperar que a ciência vença o vírus – porque poderíamos ter que esperar por muito tempo se a gripe e o resfriado forem bons indicadores –, temos que descobrir como viver com o vírus e lidar com ele para que não nos domine. Precisaremos de diferentes graus de gestão em momentos diferentes, claro, mas este é o nosso novo normal. Provavelmente não haverá um momento em sua vida em que você vai poder perguntar "o que é corona"?

Há outra razão pela qual nosso "velho normal" nunca mais vai voltar. Mesmo se atingirmos imunidade de rebanho ou encontrarmos uma cura para a Covid-19, provavelmente o planeta enfrentará outro surto viral das mesmas proporções, se não for ainda pior do que a Covid-19. Especialistas em novas doenças infecciosas nos dizem que outra pandemia não é uma questão de *se*, mas *quando*. Agora sabemos que isso pode acontecer, porque vimos acontecer. A ameaça latente de outra pandemia tem implicações psicológicas importantes e impactará o mundo de muitas maneiras, incluindo algumas que são imprevistas para nós agora.

O que você pode esperar, no entanto, é que as pessoas durante ainda muito tempo vão pensar duas vezes antes de entrar em espaços lotados. Muitas não vão querer abraçar, e o aperto de mão, como o dr. Fauci já declarou, provavelmente vai deixar de existir. As estações de higienização das mãos não vão desaparecer de locais públicos. Algumas pessoas continuarão a usar máscara em áreas públicas pelo resto da vida. Quase todos pensaremos a cada tosse ou espirro: "Tenha cuidado, lave as mãos, fique a pelo menos dois metros de distância, não toque no rosto".

Se isso soa um pouco como transtorno de estresse pós-traumático (PTSD), é porque a pandemia foi trágica, assustadora e perturbadora o suficiente para todos nós termos um pouco de PTSD no novo normal. Na próxima vez em que você ouvir falar sobre uma cepa de gripe forte ou um novo surto viral, provavelmente vai se encolher e se preparar para o pior. Pode ter flashbacks de quando os *lockdowns* foram iniciados em todo o país no início do surto e ter pressentimento, pavor ou mesmo depressão.

Embora este seja nosso novo normal, não é uma realidade que precisa ser assustadora – nem mesmo não familiar –, e é exatamente por isso que escrevi este livro. Meu objetivo é ajudá-lo a reconhecer e se adaptar ao nosso novo normal, porque, quanto mais cedo e sem problemas você fizer isso, mais cedo nosso novo normal não será mais novo, mas apenas normal. Eu quero ajudá-lo a ver que temos que reconhecer que tudo é diferente agora, porque só reconhecendo isso podemos começar a aceitar e curar. Afinal, esta é a definição de resiliência: nossa capacidade de nos recuperar prontamente da adversidade. Quanto mais resiliente você puder se tornar – fisica, mental e emocionalmente –, mais capacitado estará para enfrentar qualquer adversidade, seja outra pandemia ou um desafio pessoal, e vê-la como uma oportunidade, e não como um acontecimento assustador.

Mas como começar a encontrar resiliência no novo normal quando parece que regras, expectativas e riscos estão constantemente mudando?

Novos estudos contradizem coisas que foram transmitidas como verdade apenas algumas semanas antes, enquanto amigos e familiares parecem ter diferentes opiniões e comportamentos sobre o que constitui risco real. Na era de infodemia – quando informações precisas e imprecisas se espalham tão rapidamente quanto o próprio vírus –, a quantidade de notícias e interpretações dessa notícia é impressionante. Nós nunca tivemos que pensar em tantas coisas ao tentar decidir fazer algo tão simples como ir a uma festa de aniversário ao ar livre de um amigo ou à academia. Com tanta coisa em risco, o novo normal pode parecer paralisante ao ponto do autoisolamento ou, por outro lado, tão opressor que nossa vontade é jogar a cautela às favas, fazer figas e torcer pelo melhor.

Embora eu entenda e me identifique com ambas as atitudes, certamente não recomendo nenhuma. Na realidade, há uma abordagem melhor – e ela começa ao aprendermos a pensar como um médico. Quando as decisões médicas são complicadas ou envolvem alto risco no pronto-socorro ou no centro cirúrgico, os médicos não ficam paralisados de medo nem torcem pelo melhor: eles agem com calma, frieza, com base nos melhores dados ou ciência disponível.

Ao longo deste livro, vou ensiná-lo a pensar como um médico para ajudá-lo a se manter informado, a tomar decisões seguras sobre sua saúde e a enfrentar melhor o novo normal. Você não precisa ter um "doutor" antes do nome para pensar como um – só precisa saber como ter uma visão calma, analítica e baseada em evidências em qualquer crise. E, com este livro, vou mostrar exatamente como.

Mas, primeiro, não sou apenas uma médica na TV – também sou uma médica de verdade que vê pacientes na vida real, como tenho feito nos últimos vinte anos. Desde o primeiro dia da pandemia, abordei a crise como médica, priorizando evidências, não emoções. Eu olhei para o vírus como eu olho para um paciente: Quais são os sinais vitais? O que nós sabemos sobre a doença? E o que não sabemos sobre a doença? Mas mantive as emoções dos outros em mente também, pois vejo a lente da câmera de TV como os olhos dos meus pacientes: curiosos, assustados e confusos.

De modo semelhante a um médico que nunca faria um diagnóstico com base em sinais vitais desconhecidos, nunca tirei conclusões sobre a Covid-19 – ou qualquer outra doença, na realidade – com base em hipóteses, política, opinião ou conjectura. Como eu disse várias vezes no ar, é muito importante dizer o que sabemos *e* o que não sabemos. Nós precisamos confiar em fatos, não no medo, para tomar as melhores decisões sobre nossa saúde em uma situação de crise, assim como os médicos fazem para os pacientes no pronto-socorro e na sala de cirurgia. Quando você faz isso, pode ficar calmo e firme em uma situação emocionalmente pesada e em constante mudança.

Além disso, um bom médico não se concentra apenas em uma parte do corpo ou em um único sintoma: nós analisamos o paciente inteiro e a interação de diferentes sistemas para diagnosticar e tratar com eficácia. De modo semelhante, sempre tive uma perspectiva mais ampla dessa pandemia. E passei essa perspectiva aos espectadores para que eles possam entender o que está acontecendo sem se prender a detalhes que podem mudar diariamente.

Esta última advertência é muito importante: se nós aprendemos alguma coisa com essa pandemia, é que os detalhes de uma doença podem mudar depressa. Por isso é fundamental aprender a pensar como um médico e ter uma perspectiva ampla. Também é vital entender como a ciência funciona.

Na medicina e na ciência, os médicos aprendem coisas novas todos os dias, não importa quanto tempo ou quão intensamente eles estudaram uma doença específica ou determinado mal. Um médico pode passar sua vida inteira pesquisando um vírus ou outro patógeno e ainda não chegar perto de saber tudo sobre ele. Ainda estamos aprendendo coisas novas sobre a gripe, por exemplo, embora doenças semelhantes à gripe existam há centenas de anos.

No caso de um patógeno totalmente novo como essa nova cepa do coronavírus, ainda nem começamos a explorar o que há para saber. É por isso que acho vital que nos concentremos no que sabemos *agora*, que significa aquilo que a medicina e a ciência têm nos mostrado até agora, ao mesmo tempo que incorporamos o que sabemos sobre outros coronavírus para ajudar a fundamentar nossa análise. Novos fatores de risco para a Covid-19 sempre podem surgir e o vírus pode mudar, o que significa que as informações e os conselhos médicos devem mudar com ele.

Ao mesmo tempo, é importante confiar nos fatos que temos à mão: na evidência acima da emoção, na medicina acima do faz de conta e na ciência acima da farsa. Nenhum vírus na história da humanidade foi estudado tão rápida e intensamente quanto o coronavírus, e a quantidade de conhecimento que acumulamos em um curto período de tempo é empolgante, impressionante e reconfortante.

Mas consigo enxergar. Eu sei que agora, mais do que nunca, há desconfiança na medicina e na mídia. Se você é cético, cínico ou se tem medo, tudo bem, é compreensível e realmente apropriado. Serei a primeira a admitir que não tenho todas as respostas – ninguém tem. E a questão é que ninguém nunca vai ter – é por isso que não importa ter todas as respostas para começo de conversa, mas, em vez disso, saber as perguntas certas a fazer. Se você aprender a fazer isso, conseguirá obter as informações de que precisa para passar melhor pelo nosso novo normal ou por qualquer crise desafiadora em que possa se encontrar.

Quero reconhecer também que a situação de cada pessoa é única. Talvez você tenha perdido um membro da família, um amigo ou um colega para a Covid-19 – essa é uma realidade trágica a enfrentar. Ou talvez você tenha perdido seu emprego, sua casa ou sua empresa na pandemia. Meu coração está com você. Ou talvez você tenha pegado Covid-19 e ainda esteja se recuperando. Talvez você esteja descobrindo uma maneira de trabalhar em casa permanentemente e/ou esteja fazendo malabarismos com crianças ou parentes mais velhos em casa o tempo todo. Ou talvez seja um trabalhador essencial que nunca pôde se dar ao luxo de trabalhar de casa durante todo esse tempo. Não importa qual seja seu novo normal, meu objetivo é ajudá-lo a passar por ele. Você pode ler este livro do início ao fim ou escolher as partes que interessam a você, mas prometo que todos podem encontrar algo em cada capítulo.

Seja priorizar a urgência de cuidar de nossa própria saúde, aprender a decifrar explicações médicas complicadas ou simplesmente compreender como se alimentar e ter uma rotina de sono que funcione melhor para nosso corpo em tempos estressantes, há lições da pandemia que podem nos levar a ter uma vida mais saudável e feliz. O surto do coronavírus foi brutal, mas as mudanças que ele inspirou não precisam ser. Nosso novo normal é um lugar diferente, com certeza, mas também pode ser bom. E, se você seguir o roteiro para a resiliência que encontrará dentro deste livro, descobrirá muitas joias escondidas inerentes à crise do coronavírus ao longo do caminho.

Uma das maiores joias, na minha opinião, é que a pandemia deu a todos nós um senso de solidariedade mais forte. Hoje, não estamos sozinhos nos adaptando ao nosso novo normal – todos estão. Toda pessoa perdeu algo na pandemia, seja um membro da família, um amigo, um negócio, o emprego, a saúde ou a liberdade. Alguns de nós podemos ter perdido algo menos crucial, como nossa capacidade de ir à academia, comer em restaurantes, viajar ou visitar a família e os amigos com tranquilidade, mas ainda perdemos algo. Isso significa que estamos todos de luto juntos – e superando tudo juntos. O espírito humano nunca foi tão forte.

Um dos maiores presentes da pandemia, se você consegue encontrá-lo e aceitá-lo, é a gratidão. Pode ser difícil, mas eu quero lembrá-lo com este livro que temos uma escolha: podemos ficar pensando no que perdemos ou nos lembrar de todas as coisas que ainda temos. Ainda mais importante, podemos escolher ver o que conquistamos em meio à adversidade. E eu prometo a você que todos nós ganhamos alguma coisa.

Finalmente, embora tudo seja diferente em nosso novo normal, há duas coisas que não mudaram: o riso e o amor. Eu tiro muita força desse fato. Riso e amor nunca desapareceram em tempos de guerra, paz, pandemias ou de grande saúde e prosperidade. Não importa o que aconteça em nosso mundo a partir de agora, sempre encontraremos riso e amor. E escolher procurar ambos – agora e sempre – servirá como seu GPS no caminho para a resiliência.

CAPÍTULO 1

Corpo

Aconteceu em um ônibus público em Detroit.

Uma mulher tossiu repetidamente. Ela não cobriu a boca. Não parecia se preocupar com os outros.

Jason Hargrove estava dirigindo aquele ônibus em março de 2020. Ele ficou tão irritado com o incidente que depois postou um vídeo de oito minutos de duração no Facebook sobre o que aconteceu, implorando às pessoas para levar a sério o que chamávamos de "o novo coronavírus".

Onze dias depois, Jason morreu de Covid-19. O pai de seis filhos de 51 anos morreu sozinho no hospital, sem a esposa nem qualquer um dos filhos ao seu lado.

Dias depois, sua viúva, Desha Johnson Hargrove, participou do *Good Morning America* para compartilhar sua história, que já havia se tornado manchete em todo o mundo. Falando exclusivamente com o correspondente TJ Holmes, ela implorou para as pessoas ficarem em casa e tomarem as precauções recomendadas para que a morte do marido não fosse em vão.

Meses depois, Desha me disse que ainda sentia que as pessoas não estavam levando a pandemia a sério. "Isso não é algo que alguém pensou que veríamos, mas é o que estamos vivendo", disse-me ela por telefone. "E eu quero ajudar as pessoas do lugar em que estou agora."

Desha está certa. Nunca ninguém pensou que veríamos isso pelo que estamos passando. É um novo normal. Mas agora sabemos muito mais do que sabíamos em março de 2020. E sabemos que existem passos específicos e impactantes que podemos seguir para evitar acabar no mesmo lugar em que Desha se viu: seriamente afetada pela Covid-19. Podemos tomar precauções, como usar máscaras e nos distanciarmos fisicamente para ajudar a impedir que outros adoeçam gravemente ou morram por causa da doença. Podemos também tomar precauções que vão muito além de usar uma cobertura de pano no rosto para evitar ficarmos muito doentes.

Do ponto de vista de um médico, eu sei que Jason tinha vários fatores de risco que o tornavam mais vulnerável a doenças graves como a Covid-19. Ele era um homem negro, e agora sabemos que as pessoas negras e homens, em geral, são mais propensas a desenvolver complicações graves do vírus. Ele também era um trabalhador essencial, o que o colocou em risco durante o pico do surto inicial.

Embora Jason não pudesse mudar seu gênero ou sua cor, ele tinha outros fatores de risco que desde então aprendemos que provavelmente o tornaram mais vulnerável ao vírus. Desha me disse que seu marido estava acima do peso, era diabético e tinha pressão alta – três dos maiores fatores de complicações graves de Covid-19 que as pessoas *podem* mudar. Quando os pesquisadores descobriram isso sobre o vírus, era tarde demais para Jason. Mas não é tarde demais para todas as outras pessoas.

"Esse vírus não escolhe", ela me disse. "E, se você tem esses problemas subjacentes, você pode ser afetado. Então nós, pessoas que são obesas, podemos controlar isso. Podemos assumir o controle disso."

Desha me disse que ela também está acima do peso e agora está fazendo tudo o que pode para garantir que sua história não termine como a de seu marido.

"Saia para caminhar. Beba sua água. Coma mais saudável", ela me disse. "E eu estou falando comigo, Desha, porque eu não quero ser uma história como a de Jason. Eu não posso apenas dar uma mensagem, eu tenho *que ser* a mensagem."

A história de Desha é poderosa. Também é muito comum. A maioria dos pacientes com coronavírus que participaram do *Good Morning America* tinha sobrepeso ou obesidade. Muitos tinham diabetes, pressão arterial alta ou outras situações crônicas. Da mesma forma, a maioria daqueles que conheci pessoalmente que foram hospitalizados ou morreram da doença eram negros, com sobrepeso ou obesos e/ou tinham condições subjacentes.

É uma verdade difícil de enfrentar, mas com o passar do tempo, e conforme viver com o vírus torne-se a nossa nova forma de vida, temos uma compreensão mais clara dos problemas de saúde preexistentes mais disponíveis à exploração pelo vírus. Agora que sabemos o que nos torna mais suscetíveis ao vírus, cabe a nós fazer algo sobre isso e tentar tudo o que esteja ao nosso alcance para ter essas condições sob controle. Riscos à saúde como diabetes e obesidade não significam as mesmas coisas que costumavam significar – agora são muito mais preocupantes. Jason não teve escolha – a ciência não existia quando ele foi infectado. Mas você tem, e agora é a hora de ser proativo sobre sua saúde e sua capacidade de sobreviver e prosperar no novo normal do mundo.

Uma das lições mais críticas que aprendi depois de quase um ano de reportagem diária na TV aberta sobre a Covid-19 é esta: fazer tudo o que você pode para ser o mais saudável possível agora é uma das melhores maneiras de proteger seu corpo contra a pandemia e se adaptar fisicamente aos riscos adicionais à saúde que a Covid-19 traz. Como médica atuante nos últimos vinte anos, eu sei que cada pessoa no planeta, incluindo você, tem maneiras e meios de mitigar o risco de doenças, quer estejamos falando sobre câncer, coronavírus ou algum outro micro-organismo que esteja envolvido na próxima pandemia do mundo. Não preciso saber tudo sobre um patógeno específico ou seu histórico médico individual para conhecer maneiras de ajudá-lo a minimizar os efeitos negativos da doença.

Dito isso, após ler incessantemente os principais estudos realizados sobre o coronavírus até o momento, conversar com os principais especialistas em infectologia do mundo e explicar o que descubro a milhões de telespectadores da ABC quase diariamente, sei que existem condições específicas que nos tornam muito mais vulneráveis à Covid-19 e passos específicos que podemos dar para reduzir significativamente nosso risco.

Se você teve a sorte de evitar o vírus até agora, fantástico. Mas, se aprendemos alguma coisa desde a véspera de Ano-Novo de 2019, quando o primeiro caso de Covid-19 foi identificado em Wuhan, China, é que o coronavírus atua de maneiras misteriosas, atingindo em graus muito díspares de gravidade a qualquer momento, não importa quem você seja, onde more ou quanto dinheiro tenha.

Costumo usar analogias quando falo na TV sobre saúde porque a medicina é complicada. Então, aqui estão algumas outras maneiras de analisar as coisas. Digamos que, em um ou dois meses, você tenha que fazer algo que vá consumir toda a sua energia, como disputar uma corrida, fazer uma apresentação importante no trabalho ou fazer um exame final. Se você sabe que será colocado à prova dessa forma, começaria a fazer tudo agora para se preparar? Ou esperaria estar na linha de partida, ou na frente de todas as pessoas do escritório ou sentado, esperando o teste começar?

"Preparação" é o nome do jogo em tempos de pandemia, já que não temos ideia se e quando podemos ser infectados e a gravidade com que reagiremos. Apesar de médicos como eu terem alertado as pessoas há anos que devemos nos concentrar em nossa saúde geral e nosso peso, a necessidade nunca foi mais urgente. Eu sei que você ouviu antes – provavelmente muitas vezes ao longo dos anos – como é importante priorizar sua saúde e cuidar melhor de si, mas esse conselho tem um significado diferente hoje do que em 2019. Nós temos que fazer todo o possível agora – treinar para a corrida, preparar-nos para a apresentação, estudar para o teste – a fim de melhorar nossas chances de não apenas darmos nosso melhor, mas também de termos muito sucesso, se e quando nosso dia chegar.

Considere isso como um alerta. É hora de treinar e ajudar a proteger seu corpo da pandemia o máximo possível, e estou aqui para lhe mostrar como fazer isso.

PERDA DE PESO

Onde começar? A coisa mais eficaz que você pode fazer para ajudar seu corpo a se proteger na pandemia é perder peso. Isso porque ter sobrepeso ou obesidade é o maior fator de risco crônico para o desenvolvimento de complicações graves de Covid-19. A obesidade é um fator de risco maior do que câncer, doenças cardíacas e outras doenças graves. É até maior fator de risco do que doenças respiratórias como asma, enfisema e doenças pulmonares.

Aqui estão os fatos: em agosto de 2020, uma meta-análise que incluiu quase 400 mil pacientes descobriu que aqueles que eram obesos e contraíram Covid-19 tinham 113 por cento mais chance de ser hospitalizados do que pessoas de peso saudável, 78 por cento mais chance de ir para a UTI e 48 por cento mais chance de morrer.[1] Similarmente, um estudo de abril de 2020 realizado em 4.100 pessoas com Covid-19 na cidade de Nova York descobriu que a obesidade era o principal fator de risco após idade para alguém adoecer com gravidade se contraísse o vírus.[2] Os jovens que eram obesos também eram muito mais propensos a ser hospitalizados com Covid-19, mesmo que não apresentassem outros fatores de risco.[3] Estudos subsequentes chegaram à mesma conclusão, muitas vezes.

Mas o que há de tão grave na obesidade para o vírus? A verdade é que ter muito peso é um estado de doença crônica por si só, conforme qualificado pelo American Board of Obesity Medicine. O que significa que estar acima do peso ou ter obesidade age como a maioria das outras doenças do corpo, aumentando a inflamação, enfraquecendo o sistema imunológico e impedindo a capacidade do corpo de combater a infecção. Tudo isso é ruim para você se acontecer de contrair o coronavírus, que ameaça o corpo aumentando a inflamação. Quando acrescentamos mais inflamação à inflamação crônica, o corpo não aguenta – ele simplesmente começa a falhar.

Para agravar esse problema, se a balança não estiver a seu favor, você tem mais probabilidade de ter ou desenvolver diabetes tipo 2, pressão alta e doenças cardíacas, que também colocam você em uma situação de risco muito maior de doença grave ou morte por Covid-19.

Isso não é uma boa notícia para a maioria das pessoas, eu sei. Dois terços de todos os americanos estão com sobrepeso ou obesos. A situação é tão comum, na verdade, que se você estiver acima do peso pode pensar que está perfeitamente saudável porque todos ao seu redor parecem saudáveis. Alguns dos meus pacientes adotam nessa mentalidade, e é um verdadeiro problema. Porque, se você não percebe que está andando por aí com uma doença potencialmente mortal, provavelmente não está tomando todas as precauções que precisa tomar agora.

Mas quero deixar algo muito claro sobre a obesidade: se você estiver com sobrepeso ou obeso, você não é o culpado. A obesidade não é uma doença causada por preguiça ou falta de disciplina. Há componentes genéticos, metabólicos, nutricionais, hormonais e comportamentais envolvidos na doença, junto com muitos outros fatores complexos. Às vezes, medicamentos prescritos podem causar excesso de peso. Já vi muitos dos meus próprios pacientes lutarem contra isso e sei como a questão pode ser difícil. E estou aqui para ajudar. Eu sei que pode parecer um esforço inútil ou uma batalha difícil. Eu conheço a história do “eu tentei de tudo e nada funciona” de muitos com o problema de obesidade ou sobrepeso. Isso não é uma falha de caráter – é uma doença, e agora é a hora de abordá-la como tal, sem julgamento, culpa ou vergonha.

Estar acima do peso ou ser obeso não é culpa sua. Mas, não importa qual tenha sido sua experiência no passado, quero ajudá-lo a tentar continuar a fazer progressos para mudar sua situação – agora mais do que nunca, porque sua vida pode depender disso. E se você nunca prestou atenção ao seu peso, nutrição ou níveis de condicionamento antes, agora também é a hora de começar a fazer algo a respeito – STAT, *Reporting from the frontiers of health and medicine.*

A perda de peso não é fácil – se fosse, não haveria uma indústria de dieta multibilionária construída para ajudar as pessoas a perder de um a cento e cinquenta quilos. Mas perder peso para reduzir seus riscos com a Covid-19 é diferente de qualquer tipo de perda de peso que você tenha tentado. Isso porque perder peso devido a uma pandemia não é o mesmo que se preparar para usar biquíni em uma temporada de verão. Você não precisa usar tamanho P ou parecer uma modelo para sobreviver e viver bem em nosso novo normal. O objetivo não deve ser uma enorme, drástica e inatingível perda de peso. Deve ser apenas levar seu IMC a um nível saudável. Se você estiver motivado a perder mais – especialmente quando começar e perceber como é bom perder peso –, será um bônus que só fortalecerá seu arsenal físico e mental.

Aqui estão dez etapas a serem seguidas para ajudar a proteger seu corpo na pandemia:

1. **Avalie se o seu peso é um problema.** Se você acha que pode estar acima do peso ou obeso, provavelmente está. Em nosso íntimo, a maioria de nós sabe se nosso peso é um problema de saúde. Mas, para ter certeza, consulte um site *on-line* e calcule seu índice de massa corporal (IMC) – a medição e o acompanhamento indicarão se você está com sobrepeso ou obeso. Seu IMC não é uma avaliação perfeita

de forma alguma – o músculo pesa mais do que a gordura, e é por isso que alguns atletas têm IMC alto. Mas a medição foi clinicamente correlacionada a resultados de saúde específicos centenas de vezes, e é uma das melhores medidas disponíveis e gratuitas que temos.

Se você se sentir melhor com um diagnóstico médico atestando seu sobrepeso ou sua obesidade, marque uma consulta com um endocrinologista ou clínico-geral ou profissional de saúde. Você pode querer se consultar com um médico neste momento de qualquer maneira, especialmente se faz mais de um ano que não vai a uma consulta (saiba mais sobre um exame físico para a pandemia na página 41).

2. **Deixe a culpa de lado.** Se você estiver com sobrepeso ou obeso, lembre-se de que não é sua culpa e que você não fez nada errado. Permitir-se mergulhar na culpa pode dificultar adotar a mentalidade de que precisa para perder peso.
3. **Esteja disposto a tentar e diga a si mesmo que você CONSEGUE.** É sempre assim: se você acha que não consegue perder peso, provavelmente não perderá. Muitas pessoas ficam presas a um peso prejudicial à saúde porque já aceitaram que não podem perdê-lo. Não seja uma dessas pessoas. Todos nós somos capazes de coisas incríveis. Escolha ser quem consegue e acredite em si mesmo.
4. **Coloque uma cenoura na ponta do graveto.** Não uma cenoura de verdade, claro, mas recompensar-se com algo que não seja um alimento quando você perder uma certa quantidade de quilos pode ajudar a motivá-lo para manter o ritmo. Prometa a si mesmo se presentear com um novo par de sapatos, por exemplo, ou um dia fora com os amigos, ou outro item material ou experiência especial se você perder cinco quilos. Estabeleça incentivos semelhantes para dez, vinte, trinta etc., dependendo de quanto você tem a perder.
5. **Escolha um plano de perda de peso recomendado por médicos, em um dispositivo.** Uma das estratégias mais simples para

perda e controle de peso eu aprendi em uma palestra, quando tomei parte do conselho certificado em medicina da obesidade: uma pirâmide de três níveis para tratamento de obesidade que reduz a perda de peso em três planos de ação distintos.[4] Se você estiver acima do peso, com IMC igual ou maior que 25 – ou mesmo que você esteja com um peso ideal –, escolha a camada inferior da pirâmide, que prescreve nutrição saudável e exercício (ver etapas 6-8), ou o que eu gosto de chamar de os dois Cs: Comida e Condicionamento físico. O nível intermediário defende remédios para perda de peso aprovados pela FDA, que um endocrinologista ou outro profissional da saúde pode prescrever para aqueles que estão clinicamente obesos, com um IMC igual ou superior a 30. A camada superior da pirâmide recomenda cirurgia bariátrica, como gastrectomia, para aqueles com IMC igual ou superior a 40, o que se qualifica como extremamente obeso e com risco à vida.

6. **Pare de sofrer com o que você come.** A maioria das pessoas não perde peso porque segue dietas restritivas ou modismos alimentares malucos. A verdade é que você não precisa cortar vários grupos de alimentos, comer apenas legumes ou contar calorias ou carboidratos por meses ou anos a fio – muitas vezes, esses tipos de dieta podem ser eficazes no curto prazo, mas quase nunca são sustentáveis. Então, procure comer até ficar satisfeito, não empanturrado, e consumir menos comida ao longo do dia.
7. **Priorize o consumo de baixo teor de açúcar e carboidratos.** Entraremos em detalhes sobre a melhor nutrição para nosso novo normal no capítulo 4, mas priorizar alimentos ricos em proteínas e gorduras saudáveis e com baixo teor de açúcar e carboidratos é a maneira mais eficaz de perder peso. Você não tem que começar a contar carboidratos – só reduza a quantidade que você come para que os carboidratos formem apenas um quarto de cada refeição.

Além disso, não coma alimentos como biscoitos, pão, batatas fritas ou assados, mesmo que sejam sem glúten ou à base de vegetais.

8. **Mova-se mais, mas não pense que o exercício o salvará.** Noventa por cento da sua capacidade de perder peso depende dos alimentos que você come (ou não come). Apenas 10 por cento do seu peso depende de quanto você se exercita. Mover-se mais certamente formará músculo, melhorará sua saúde e ajudará você a perder peso mais rápido e a mantê-lo longe da comida por mais tempo. Mas não cometa o erro de confiar muito nos exercícios para compensar uma dieta de *junk food* se quiser perder peso.
9. **Cuidado com as soluções rápidas.** Se parece bom demais para ser verdade, provavelmente é. A indústria de perda de peso está cheia de soluções rápidas, golpes e "curas", todas atacando o desespero e a frustração das pessoas. Apesar do que você vê nas redes sociais, poucas dessas soluções são realmente eficazes, e elas podem não ser seguras.
10. **Seja paciente.** Perder peso leva tempo. Estar acima do peso ou obeso não aconteceu de um dia para outro e não vai ser corrigido de um dia para o outro.

Você ainda precisa de um corpo pronto para enfrentar a pandemia se for vacinado?

Sim. E aqui está o porquê: é para o bem da sua saúde. Como a pandemia deixou claro, os riscos da obesidade e outras situações crônicas de saúde, como diabetes e doenças cardíacas, não são apenas teóricos – eles são muito reais e possivelmente muito mortais. Os médicos têm alertado as pessoas sobre essas situações há anos, e elas sempre representam uma ameaça com ou sem uma pandemia. Até mesmo com uma vacina que reduza o risco de infecção por Covid-19, nós todos ainda precisamos priorizar nossa saúde. Covid-19 ajudou a nos mostrar que problemas crônicos de saúde, como obesidade e doenças do coração, não são abstratos e não há como saber quando será a próxima pandemia e o que ela pode trazer. Vacine-se e tome todas as medidas possíveis para ser o mais saudável possível em nosso novo normal.

ALÉM DA ESCALA: OUTROS FATORES DE RISCO

Embora perder peso seja a coisa mais importante que você pode fazer para reduzir o risco de Covid-19, existem outras formas apoiadas por pesquisas para reforçar sua saúde em nosso novo normal com base no que sabemos sobre a doença.

No início da pandemia, devo ter dito a palavra *comorbidades* na televisão dezenas de vezes, muito mais do que disse na faculdade de medicina ou na residência. Eu não estava sozinha, é claro: o termo, usado para descrever a presença de uma ou mais complicações físicas acompanhando uma doença, estava sendo dito por muitos especialistas. Em questão de semanas, a maioria dos americanos entendeu o termo pedante, que anteriormente tinha sido dito apenas por médicos, professores de medicina e poucos personagens em *Grey's Anatomy*.

Para nossos propósitos, você pode pensar em comorbidades como doenças preexistentes: ambos são informações importantes em tempos de pandemia. Se uma pessoa tem certas comorbidades ou doenças preexistentes, essa pessoa tem muito mais chance de ser hospitalizada ou morrer de Covid-19. Mas nem todas as doenças preexistentes são iguais. Algumas são mais arriscadas do que outras, e nem sempre é intuitivo saber quais são as piores para a Covid-19.

O que você não pode mudar

Vamos começar com os fatos. Você já sabe que o maior fator de risco para o coronavírus é a idade. As pessoas mais velhas simplesmente têm mais chance de adoecer gravemente ou morrem da doença do que pessoas mais jovens, motivo pelo qual o vírus causou estragos em casas de repouso em todo o país. O segundo maior fator de risco, como sabemos agora, é ter sobrepeso ou obesidade.

Mas, depois da idade e do peso, as coisas começam a ficar um pouco turvas. De acordo com as pesquisas até agora, os homens têm duas vezes mais chance de morrer de Covid-19 do que as mulheres, apesar de uma taxa de infecção semelhante entre os gêneros. Temos teorias sobre o porquê: algumas comorbidades, como pressão arterial alta (mais sobre hipertensão na página 35) e doenças cardíacas, são mais comuns entre os homens, e as mulheres tendem a ter um sistema imunológico mais robusto do que os homens (lembre-se, doenças autoimunes são mais comuns em mulheres do que em homens), mas ninguém sabe com certeza se esse é o motivo.

Pessoas racializadas também têm muito mais probabilidade de adoecer gravemente ou morrer de Covid-19 do que pessoas brancas. Essa desigualdade racial é em grande parte devida a razões socioeconômicas. As pessoas racializadas têm mais chance de ser classificadas como de baixa renda, o que significa que também têm mais chance de ter acesso reduzido a assistência médica de qualidade, índices mais elevados de obesidade e outras doenças graves, vários membros da família ou colegas de quarto vivendo juntos e empregos com maior exposição ou sem a opção de trabalhar em casa.

A questão dos fatores de risco, como idade, sexo e raça, é que não se pode mudar nenhum deles. Mas saber que você é mais vulnerável pode ajudá-lo a avaliar melhor sua tolerância ao risco para certas atividades sociais, sobre as quais falaremos nos capítulos 9 e 10. Se você tem uma série de fatores de alto risco – se você é um homem negro ou pardo com mais de 65 anos, por exemplo –, eu o incentivaria a tomar todos os cuidados possíveis: sempre usar máscara, manter pelo menos dois metros de distância de outras pessoas, lavar as mãos e evitar atividades de alto risco, como comer dentro de restaurantes e comparecer pessoalmente a eventos religiosos.

O que você pode mudar

Depois da obesidade, o segundo maior fator de risco *modificável* para uma doença grave com Covid-19 é o diabetes. Também conhecida como hiperglicemia, a doença é motivo de preocupação por si só. Mas, quando aliado à Covid-19, o diabetes pode ser mortal. Pessoas com diabetes tipo 2 têm quatro vezes mais chance de sucumbir ao coronavírus do que aquelas que não têm hiperglicemia, segundo pesquisas.[5]

O diabetes tipo 2, que costuma ocorrer em adultos que ganham peso, sedentários e/ou adotam uma dieta americana padrão, afeta mais de 34 milhões de pessoas nos Estados Unidos. A parte realmente assustadora: uma em cada quatro pessoas com a doença não sabe que a tem. De modo parecido, um terço de todos os americanos têm pré-diabetes – um precursor para o tipo 2 –, embora 84 por cento nem imaginem.

Por que a combinação de diabetes e Covid-19 é tão mortal? Em termos básicos, os patógenos precisam de glicose para sobreviver – é por isso que as bactérias e os vírus crescem muito bem em ambientes ricos em açúcar. Quanto mais glicose houver em suas células, mais um vírus pode se replicar, espalhar e causar problemas. Além disso, pessoas com diabetes tendem a ter um maior nível de inflamação que pode exacerbar infecções por Covid-19, que também produzem inflamação no corpo. Quando você é diabético e tem coronavírus, é como uma criança em uma loja de brinquedos antes do Natal: a Covid-19 enlouquece.

Se você sabe que tem diabetes, agora é a hora de fazer todo o possível para reverter ou controlar a doença usando uma abordagem de nutrição de três frentes: baixo teor de açúcar, mais exercícios e perda de peso. Quem tem diabetes e não sabe disso pode estar em maior risco, pois muitos não estão tomando os cuidados necessários recomendados àqueles mais vulneráveis ao vírus. É por isso que eu recomendo que qualquer pessoa que esteja acima do peso, sedentária e/ou seguindo uma dieta americana padrão marque uma consulta para fazer um exame físico anual, especialmente se não vai ao médico há mais de um ano (consulte a página 41 para obter mais informações).

Diabetes não é a única doença oculta para graves complicações da Covid-19. Pressão alta, chamada de "assassino silencioso" já que muitas vezes é ignorada por pacientes e médicos, pode dobrar seu risco de morrer de Covid.[6] Se você tem pressão alta e não está tomando a medicação por não saber ou por não estar seguindo o protocolo de tratamento adequado, seu risco de morrer de Covid-19 é ainda maior, de acordo com pesquisas.[7]

Essas estatísticas são particularmente preocupantes porque quase metade de todos os americanos tem pressão alta.[8] Isso significa que aproximadamente 50 por cento da população dos Estados Unidos está em risco de ter graves complicações da Covid-19. Além do mais, metade das pessoas com pressão alta – cerca de um quarto da população total do país – não está tomando medicamentos para controlar a doença.

Semelhante às estatísticas sobre diabetes e pré-diabetes, muitas pessoas com pressão alta nem sabem que têm esse problema. A pressão alta é frequentemente assintomática e facilmente esquecida pelos médicos, especialmente aqueles que não seguem a recomendação de exame da American Heart Association.[9] (Aprenda o que perguntar quando fizer um exame de pressão arterial na página 43.)

Por que a pressão alta aumenta o risco de uma pessoa com Covid-19? Uma teoria é que a hipertensão crônica enfraquece vasos sanguíneos, permitindo assim que o vírus se encaixe mais facilmente em nosso corpo. A pressão alta também enfraquece a resposta do sistema imunológico do corpo.[10] Ao contrário dos primeiros relatórios, porém, tomar certos medicamentos para pressão arterial, como inibidores da ECA, aparentemente não aumenta o risco de doença grave com coronavírus.[11]

Como saber se você tem pressão alta? Ou como pode saber se a doença está sendo tratada adequadamente? Isso é ainda mais um motivo para pensar em fazer um check-up anual, sobre o qual falamos com mais detalhes a partir da página 41.

Outros fatores de risco para complicações graves da Covid-19 incluem: câncer; doenças cardíacas graves; doença cardíaca, pulmonar ou renal; doença falciforme; doença pulmonar obstrutiva crônica (DPOC); e doenças imunocomprometedoras, como HIV. Outras situações, como gravidez, asma moderada a grave, fibrose cística e problemas neurológicos, como demência, também podem aumentar o risco de agravamento da Covid-19, mas mais pesquisas são necessárias.

A AUTOAVALIAÇÃO DO NOVO NORMAL

Não importa quais fatores de risco você tem e se eles são modificáveis, você não pode melhorar o que não pode medir. Se quiser treinar seu corpo para um evento olímpico, por exemplo, primeiro precisa descobrir onde e como começar, examinando o que fazia antes e o que faz agora. Se você não corre há anos, seus joelhos não estão bons e você não tem tênis de corrida, seu plano de treinamento será muito diferente do de alguém que se exercita vários dias por semana, sofre de panturrilhas fracos e tem um armário inteiro de tênis de alto desempenho.

Por este motivo, recomendo que todos reservem um tempo para fazer uma autoavaliação séria de sua saúde física e mental agora. Por causa da pandemia – e da possibilidade de termos outra no futuro –, é muito importante saber o que você está fazendo certo, o que pode estar fazendo de errado e, talvez o mais importante, o que pode estar deixando de fazer pela sua saúde que poderia colocar em risco sua vida em nosso novo normal.

O objetivo de uma autoavaliação não é descobrir todas as suas falhas ou torná-lo o ser humano mais saudável do planeta. Assim como a perda de peso, o objetivo de uma autoavaliação na pandemia é específico para nosso novo normal. Você não precisa identificar todos os seus hábitos prejudiciais à saúde, mas concentre-se em encontrar aqueles que podem aumentar seu risco de ter problemas se contrair Covid-19 e outras doenças infecciosas.

Pense nessa autoavaliação como uma zona livre de julgamentos – você só quer encontrar possíveis problemas para poder estar ciente e corrigi-los antes que se tornem problemas catastróficos. E, apesar de todos deverem se esforçar para ter uma boa saúde, sua prioridade agora é cuidar para que seu corpo seja capaz de sobreviver a uma crise – seja no caso do coronavírus, uma cepa grave da gripe ou um patógeno desconhecido que venha a desencadear o próximo surto global.

Para fazer uma autoavaliação honesta, você precisa colocar sua mente no lugar também. Como a maioria das coisas na vida, é tudo uma questão de atitude e compreensão de que as coisas são diferentes agora. Por mais que você tenha escapado imune apesar de manter hábitos de saúde precários, vivemos em um novo mundo agora. Hábitos ruins ou doenças preexistentes podem significar a diferença entre febre baixa e tosse com o coronavírus – ou um ventilador e uma sala de UTI.

Portanto, reserve uma hora esta semana, pegue caneta e papel e mantenha seu telefone celular por perto. Veja como fazer uma autoavaliação em tempos de pandemia:

1. **Pergunte a si mesmo como está se sentindo.** Sempre que vejo pacientes, a primeira coisa que pergunto é como estão se sentindo. Parece simples, mas a resposta a essa pergunta traz muitas informações. Se você puder dizer que se sente muito bem, isso é maravilhoso. Mas se você sentir alguma dor, cansaço, esgotamento ou desânimo – ou se tem lidado com tonturas, dores, fraqueza muscular, problemas gastrointestinais ou uma série de outras doenças –, isso é um sinal de que algo pode estar errado. Use sua caneta e papel para escrever exatamente como se sente, física e mentalmente.

   Seja o mais honesto, preciso e detalhista possível.
2. **Observe com atenção seus hábitos diários.** Se você fosse um novo paciente meu, eu tentaria obter o máximo de informações que pudesse sobre seus hábitos diários antes de medir a pressão arterial ou fazer um exame físico. Com que frequência se exercita? Quantas horas você dorme, em média? Quanto de álcool você bebe? Você fuma? Ingere muito açúcar, compra refeições prontas e/ou principalmente alimentos processados? Ou sua dieta é composta sobretudo de alimentos integrais, com abundância de proteína, gordura e vegetais? Você fica superestressado o tempo todo ou tem algum controle (na maior parte do tempo) de sua saúde mental? Pense em outros hábitos que você pode ter e poderiam estar afetando sua saúde física ou mental.

Agora pegue sua caneta e papel e faça duas colunas – uma para seus hábitos saudáveis e outra para os não tão saudáveis – e escreva cada um de seus hábitos diários em uma coluna ou na outra. Não se julgue – todos nós temos problemas (eu, inclusive), mas, se não os identificarmos, não podemos abordá-los. Se você não consegue decidir se um hábito é bom ou ruim, crie uma terceira coluna com um ponto de interrogação para tê-la por perto.

3. **Relacione todos os problemas de saúde e medicamentos conhecidos.** Você está com sobrepeso ou obeso? Você sabe se tem pressão arterial alta ou colesterol alto? Você foi diagnosticado com hipotireoidismo anos atrás e não fez mais exames desde então? Escreva tudo. Não se esqueça de incluir quaisquer problemas de saúde mental com os quais pode ter sido diagnosticado ou acredita que possa ter.

   Em seguida, abra seu armário de remédios e anote todos os medicamentos que toma, com informações sobre a dose e prescrição médica. Quase dois terços de todos os americanos tomam pelo menos um medicamento prescrito,[12] mas muitos não sabem o nome da droga, a dosagem ou a razão pela qual eles a tomam, para começo de conversa. Muitos pacientes também não tomam seus medicamentos de maneira adequada. Agora é a hora de descobrir o que você toma, por que está tomando, se está fazendo o tratamento corretamente e se ainda precisa usar o remédio.

4. **Descubra sua árvore genealógica médica.** Pegue seu celular e ligue para mãe, pai, avó, irmã, tia, tio-avô ou qualquer outra pessoa que possa ajudá-lo a verificar os problemas de saúde que ocorrem em sua família. Não pare no óbvio, como doenças como câncer e doenças cardíacas. Mas, se houver câncer, descubra que tipo, com que idade seu parente contraiu a doença, os fatores de risco e como foi tratada, e quaisquer outras doenças – físicas e mentais – que possam ter uma ligação congênita.

5. **Reveja suas experiências de saúde anteriores.** Você já teve mais experiências positivas ou negativas com profissionais de saúde? Você geralmente sai do consultório médico se sentindo bem em relação à sua consulta? Ou você se sentiu frustrado, oprimido, com medo ou desconfiado?

   Esse exercício pode parecer aleatório, mas é essencial para tempos de pandemia. Já que o passado guia as previsões futuras, se você teve muitas experiências médicas negativas, pode sentir vontade de evitar ir ao médico por completo ou não dar ouvidos ao que ele diz quando for a uma consulta. Reconhecer que você pode ter resistência mental quando se trata de sua saúde pode ajudá-lo a superar suas limitações se e quando precisar buscar ou manter um tratamento médico.

   Se você descobrir que teve mais experiências médicas negativas, sugiro revisitar meu conselho anterior: o que importa é a atitude e a percepção de que as coisas são diferentes agora. Infelizmente, agora não é o momento de adiar uma consulta médica porque você está com medo ou frustrado, ou teve experiências ruins no passado. Se não gosta do seu médico ou de quem quer que tenha lhe atendido no passado, incentivo você a encontrar um novo médico.
6. **Some seus fatores de risco ao coronavírus.** Se você tiver mais de 65 anos, se for homem e uma pessoa racializada, seus fatores de risco e as precauções ou ações consequentes que precisa tomar para sobreviver e prosperar em nosso novo normal são diferentes das de uma mulher branca de 30 anos com peso corporal normal. Faça uma lista com os problemas preexistentes que você sabe que tem, incluindo diabetes; pressão arterial alta; câncer, problemas de coração, pulmão ou doença renal; DPOC; anemia falciforme; ou doenças imunossupressoras, como HIV.

Cigarro e vírus

Sabemos que um histórico de fumar cigarros tradicionais pode dobrar o risco de doença grave de Covid-19.[13] Mas e os cigarros eletrônicos, muitas vezes (e erroneamente) vistos como mais seguros do que os de tabaco?

Nas semanas anteriores ao surgimento da Covid-19 nos Estados Unidos, o cigarro eletrônico esteve no noticiário nacional o tempo todo, todos os dias. Havia sempre uma manchete sobre e-cigarros: um aumento nas mortes relacionadas ao cigarro eletrônico e a lesões pulmonares; a investigação do CDC sobre cigarros eletrônicos; a proibição nacional de alguns cigarros eletrônicos aromatizados, que entrou em vigor em fevereiro de 2020.

Embora essas manchetes possam ter saído dos noticiários, nenhuma dessas preocupações com os cigarros eletrônicos foi embora. Hoje, as pessoas que fumam cigarros eletrônicos têm algo novo com que se preocupar: pesquisa da Universidade de Stanford mostra que adolescentes e jovens adultos que fumam cigarros eletrônicos têm cinco vezes mais chance de ser diagnosticados com Covid-19.[14] Por quê? Os pesquisadores dizem que fumar cigarros eletrônicos danifica os pulmões, e as pessoas que usam cigarros eletrônicos costumam compartilhar seus aparatos e tocar o rosto com maior frequência.

Outro motivo para largar esse hábito: em abril de 2020, no início da primeira onda da pandemia, o CDC descobriu que lesões pulmonares relacionadas ao cigarro eletrônico ainda estavam ocorrendo em uma taxa alarmante, mas se manifestavam de forma muito semelhante às infecções por Covid-19, com sintomas como falta de ar, febre e calafrios.[15]

O EXAME MÉDICO NA PANDEMIA: O QUE VOCÊ PRECISA SABER

Não há recomendação nacional feita por uma grande organização de saúde de que todos precisam fazer um exame físico agora. E o termo *exame médico na pandemia* é meu. Mas o conceito transmite minha opinião: acho que quase todo mundo deveria considerar seriamente fazer um exame médico detalhado agora, especialmente se você não tiver ido ao médico no último ano. Um check-up anual com um bom profissional de saúde, independentemente de como queira chamá-lo, é a melhor maneira de garantir que sua saúde esteja em ordem e você não tenha nenhuma doença crônica sorrateira que poderia aumentar o risco de doenças graves ou morte.

Leve esta consideração a sério: não importa quem você é ou como se sente, as condições preexistentes são muito mais comuns do que você pensa. Sessenta por cento de todos os americanos têm pelo menos uma doença crônica.[16] Dois terços de todos os americanos estão acima do peso ou obesos. Um em cada três adultos americanos tem pré-diabetes. Quase metade de todos os adultos tem pressão alta. E a lista continua.

Um dos maiores benefícios de um exame médico na pandemia é que ele pode ajudar a descobrir uma condição crônica de risco que você não sabia ter. Eu vejo pré-diabetes, colesterol alto e doenças mentais em meus pacientes o tempo todo – todas as semanas. E a esmagadora maioria deles me diz que não tinha ideia ou nunca sequer imaginava que poderia ter o problema.

Nada disso pretende assustá-lo, mas encorajá-lo a marcar uma consulta com seu médico ou profissional de saúde. Lembre-se de que esta é uma zona livre de julgamentos: se você não vai ao médico há anos, não se culpe nem se sinta intimidado por "descobrir a verdade". Eu sou médica e até mesmo eu falho às vezes em fazer minha mamografia anual ou exame de câncer de pele. Mas agora é a hora de agir e corrigir o problema. Veja como obter um exame médico abrangente.

1. **Marque já a consulta.** O melhor lugar para começar é com o seu médico, mas, se você não tiver um, pode ser um clínico geral, médico de família, enfermeira ou o assistente do médico, que também podem realizar um exame abrangente. Não tenha medo de procurar um novo médico se não estiver confortável com o seu atual. Pense desta maneira: se você não gostasse de certa comida quando criança, desistiria de comer todos os tipos de comida? Não, você apenas evitaria esse tipo específico de comida e encontraria aquelas de que mais gosta. É o mesmo com os médicos e tão importante para seu bem-estar geral.
2. **Discuta sua autoavaliação.** Não presuma que todo médico fará todas as perguntas que ele ou ela deveria fazer. Alguns são melhores do que outros, enquanto outros simplesmente não têm tempo nem experiência para serem tão detalhistas como deveriam, infelizmente. Por isso depende de você abordar assuntos importantes como seu histórico familiar, regime de medicação, hábitos "não muito saudáveis", sintomas que possam indicar uma doença preexistente e outras preocupações que você descobriu durante sua autoavaliação. Certifique-se de incluir qualquer informação sobre saúde mental e preocupações também – elas são igualmente críticas para sua saúde geral, como quaisquer problemas físicos.
3. **Procure problemas, não elogios.** O objetivo de fazer um exame na pandemia não é obter uma avaliação brilhante do seu médico, mas en-

contrar possíveis problemas para que você possa fazer algo para consertá-los. Essa era a atitude que eu adotava quando ia às reuniões de pais e filhos na escola na época em que meus filhos eram pequenos. "Não apenas me diga que meu filho é incrível – diga-me o que ele precisa melhorar para que todos possamos nos beneficiar e crescer".

4. **Pergunte ao seu médico sobre seu peso.** A maioria dos médicos não discute peso corporal com os pacientes, apesar do fato de o peso ser um dos maiores fatores de riscos para grande parte das doenças – e o maior fator de risco crônico para Covid-19. Não tenha medo de perguntar ao seu médico se ele acha que seu peso, seu IMC ou sua composição de gordura corporal (se o seu médico puder fazer essa medição) não são saudáveis. Se ele achar que não estão saudáveis, pergunte se recomendaria medicação ou cirurgia.
5. **Verifique sua pressão arterial em *ambos* os braços.** Isto é uma implicância minha. A maioria dos médicos verifica a pressão arterial em apenas um braço, o que não dá uma ideia precisa do risco de hipertensão de um paciente. Peça ao seu médico para verificar ambos os braços, com um aparelho de pressão com manguito apropriado, recomendado pela American Heart Association.
6. **Faça exames.** Quase todos os exames anuais, especialmente os realizados durante uma pandemia, devem incluir exames de sangue para descartar a possibilidade de diabetes, infecção e outros distúrbios ou doenças. Você não precisa estar em jejum ou ter vinte pedidos de exames diferentes. Apenas certifique-se de que seu exame de sangue inclua um:
   - Teste de hemoglobina glicada, que mostra a quantidade de glicose a que seus glóbulos vermelhos foram expostos nos últimos trinta dias.
   - Exame metabólico básico, que verifica o funcionamento do rim e do fígado.

- Hemograma completo, ou CBC, que ajuda a avaliar sua saúde de modo geral e os níveis de inflamação.
- Painel lipídico, para verificar o colesterol bom e o mau (LDL e HDL, respectivamente) e seus triglicerídeos.

Você não precisa estar em jejum para verificar o LDL/HDL, mas seus triglicerídeos podem ser afetados se não estiver em jejum.

7. **Acompanhamento.** Se você não puder ver os resultados do seu hemograma *on-line*, peça uma cópia para revisar e compartilhar com outros profissionais de saúde, se necessário. Idealmente, seu médico deve ligar para você para discutir os resultados, especialmente se eles incluírem quaisquer números alarmantes (frequentemente sinalizados em vermelho em seus resultados, ajudando os pacientes a detectar possíveis problemas). Se seu médico não ligar, ligue para o consultório. Afinal, trata-se de seu tempo, seu dinheiro e, o mais importante, da sua vida.

Se você descobrir que tem uma doença crônica, especialmente uma como o diabetes, que o tornará mais vulnerável à Covid-19:

» **Não entre em pânico.** Doenças crônicas são comuns. O que importa é que você encontrou o problema e agora vai fazer algo para resolvê-lo.

» **Agende uma consulta de acompanhamento com seu médico ou um especialista.** Nunca tente decidir as coisas pesquisando no Google. A desinformação médica é numerosa tanto *on-line* quanto nos cookies armazenados pelo computador. É importante discutir sua condição com um profissional de saúde treinado que pode ajudá-lo a tomar decisões conscientes sobre a melhor forma de tratar a doença.

- **Concentre-se na alimentação e no condicionamento físico.** Você pode não obter uma receita para comer menos açúcar e se movimentar mais, porém dieta e exercícios são tão importantes quanto medicamentos prescritos, se não mais, para reduzir os sintomas e a presença da maioria das doenças crônicas. A maioria das doenças crônicas, incluindo o tipo 2 de diabetes e pressão alta, é reversível por meio de alimentação e do condicionamento.
- **Priorize a adição, não a subtração.** Muitas doenças crônicas podem ser resolvidas mudando a dieta. Se você for diagnosticado com pressão alta, por exemplo, seu médico provavelmente pedirá que você reduza a ingestão de alimentos com alto teor de sódio. Mas eu gosto de lembrar meus pacientes com hipertensão que eles também podem comer mais alimentos ricos em potássio (como brócolis, melancia e abacate). Concentrar-se no que você pode comer, não no que você *não pode* comer, pode ajudá-lo a seguir melhor um novo plano nutricional.
- **Reduza o álcool e o estresse.** Não há doença crônica que se beneficie de muita bebida ou estresse, ponto-final. Ambos aumentam a inflamação e podem causar o desenvolvimento de doenças, para começo de conversa. Embora a ingestão de álcool tenha se tornado maior durante a pandemia, toda aquela cerveja, vinho e licor estão prejudicando, não ajudando, sua capacidade de passar por tempos difíceis, não importa o que você possa pensar. Similarmente, embora os níveis de estresse possam subir durante uma pandemia, você ainda pode aprender a manter sua ansiedade sob controle. Para saber mais sobre como lidar com o álcool e o estresse, leia o capítulo 2: Mente.

No novo normal, o que você faz com seu corpo é mais importante do que nunca. Você tem uma oportunidade incrível agora de usar a Covid-19 como um alarme para se manter tão fisicamente saudável quanto possível, não apenas para esta pandemia, mas também para a próxima que virá. Eu sei que não é fácil cuidar da sua saúde, especialmente se você sofre de mais de uma doença crônica. Mas se nosso mundo está enfrentando outro surto; se você foi diagnosticado, tarde na vida, com outra doença; se tiver ansiedade, estresse ou depressão; ou se simplesmente quiser fazer todas as coisas que ama com as pessoas que ama por mais tempo, melhorar seu corpo é uma das melhores maneiras de se tornar mais resiliente.

CAPÍTULO 2

Mente

No início da pandemia, quando ainda acreditávamos que o coronavírus estava amplamente restrito a Wuhan, China, o dr. Anthony Fauci afirmou que o risco para o público americano era baixo. Na imprensa nacional e local, repetimos essa crença.

E foi – na época. Muitos especialistas em saúde, inclusive eu, achamos que era inconcebível que o que estava acontecendo na China acontecesse aqui. Acreditamos, e estávamos enganados, que os Estados Unidos estavam mais bem preparados, pelo menos clinicamente, e que, apesar de sabermos que o vírus certamente chegaria aos Estados Unidos, não afetaria a América tão severamente quanto tinha afetado Wuhan.

Estávamos errados, obviamente. Quando o vírus começou a se espalhar rapidamente em toda a Europa e aterrissou nos Estados Unidos, minha percepção mudou, praticamente de um dia para o outro. Eu percebi que os Estados Unidos não estavam mais bem preparados do que a China para lidar com a Covid-19 e poderiam estar em pior forma para enfrentar uma ameaça sanitária mundial. A situação começou a piorar rapidamente quando comecei a ficar no ar até 14 horas por dia. Depois que vi uma foto de prateleiras de lojas vazias na Itália com a legenda "Indo para Nova York em breve", fui à Amazon para comprar suprimento suficiente de sardinhas, biscoitos, papel higiênico e outros itens essenciais para um mês.

No final de fevereiro, surgiu a notícia de que o primeiro americano tinha morrido devido ao vírus. Fui chamada em um fim de semana e me pediram para entrar uma ligação urgente para o estúdio para uma reportagem especial na ABC News. Eu disse aos telespectadores que a estratégia dos Estados Unidos provavelmente teria que mudar imediatamente, deixando de ser de contenção para mitigação. Foi como receber a notícia de um tsunami, e, embora todos nós quiséssemos acreditar que a onda nunca viria, agora estávamos vendo um aumento maciço no horizonte do oceano – que estava ficando cada vez maior e chegando cada vez mais perto.

Em março, eu estava no ar 24 horas por dia, sete dias por semana, ouvindo e comentando em tempo real cada comunicado da Força-Tarefa da Casa Branca, por mais preliminar que fosse, publicado sobre o vírus. O conselho parecia mudar de hora em hora, e a situação estava avançando rapidamente. No início, as empresas começaram a fechar e as pessoas começaram a trabalhar em casa, então a cidade de Nova York fechou e meus dois filhos voltaram da faculdade para morar comigo – não por escolha, mas porque suas universidades haviam fechado de repente.

As notícias começaram a tomar uma direção preocupante. Agora era claro que os Estados Unidos não tinham máscaras suficientes para proteger profissionais de saúde e que também não havia ventiladores suficientes para proteger a vida de todos os americanos que pudessem ficar muito mal. Eu relatei no ar quando os caminhões refrigerados começaram a rodar ameaçadoramente em Nova York e Nova Jersey, atuando como necrotérios para ajudar a conter o número crescente de mortos conforme hospitais e casas funerárias foram sendo sobrecarregados. Em março, soubemos que houve um caso confirmado de Covid-19 no estúdio. Fui notificada como alguém com quem essa pessoa teve um contato próximo e prolongado. Muitos de nós entramos em quarentena, inclusive eu, e comecei a transmitir a partir de meu apartamento.

Em abril, sofremos um grande golpe na ABC: um de nossos colegas, Tony Greer, operador de câmera do *Good Morning America*, morreu em decorrência do vírus. Fiquei triste e horrorizada. Naquela mesma semana, meu irmão, também médico, foi diagnosticado com a doença e mais cinco pessoas que eu conhecia pessoalmente faleceram devido ao vírus – quatro delas eram negras.

De repente eu me senti como se estivesse no meio de um furacão, relatando sobre os horrores do vírus no trabalho enquanto esses horrores estavam chegando perto. Eu estava acordando às quatro da manhã para cobrir as notícias do coronavírus por horas a fio, sem qualquer mudança física, mental ou emocional. Era como estar amarrada a uma terrível montanha-russa de emoções da qual eu nunca poderia sair.

Até esse ponto, fui capaz de manter meus medos pessoais sob controle, mas agora eu temia pela minha vida. Se eu morresse de Covid-19, quem cuidaria dos meus filhos? Eles só tinham a mim. Minha ansiedade e meus medos começaram a se manifestar em meus sonhos à noite. Em um deles, eu estava intubada na UTI e meu namorado, que é um médico infectologista em Boston, corria para Nova York para ficar ao meu lado. Quando ele finalmente chegava à minha cama, ele tentava deslizar um anel de noivado no meu dedo já inerte, mas era tarde demais: eu morria de Covid-19 no momento em que o anel brilhava em minha mão.

Esses sonhos foram apenas um sinal de alerta de que a pandemia havia começado a afetar minha saúde mental. Mas o que eu poderia fazer? Eu não podia estalar os dedos e fazer o coronavírus ir embora. E eu não podia – nem queria – parar de dar notícias sobre o vírus e a visão médica na qual tantos tinham começado a confiar.

Foi então que percebi que, uma vez que não podia mudar nenhum dos meus fatores externos, tinha que mudar algo dentro de mim. Meu cérebro de médica começou a funcionar, e voltei ao básico do que havia aprendido na escola de medicina.

Na medicina, sempre usamos fatos, não medo, e evidências, não emoções, para nos guiar para tomar decisões e optar por procedimentos difíceis. Eu confio nessa perspectiva o tempo todo em minha própria prática – porque, embora eu seja uma médica na TV, não sou apenas "uma médica na TV". Eu também atendo pacientes na vida real. E quando os pacientes estão assustados, seja por resultados de testes desfavoráveis ou por um diagnóstico sombrio, reconheço esse sentimento e uso os fatos para ajudá-los a superar isso. Eu digo aos pacientes o que sei e as maneiras como podemos ajudá-los. Eu não me concentro no que poderia ou pode acontecer – eu me concentro no que eu sei que está acontecendo.

Agora era hora de aplicar meu próprio processo com os pacientes em mim mesma. Tive que voltar aos fatos – meus fatos. Eu sabia que era saudável, sem outros problemas de saúde e que meu risco de morrer da doença aos 50 anos oscilava em torno de 1 por cento. Lembrei que 80 por cento de todos os casos são leves e não requerem hospitalização. Pelos próximos dias, eu repeti esses números diversas vezes para mim mesma.

Menos de uma semana depois, meu medo e minha ansiedade diminuíram quase completamente e meus pesadelos de Covid-19 quase pararam totalmente. Foi uma mudança dramática – e isso me salvou.

Hoje, apesar de tudo o que passamos como país e de tudo o que já passei pessoalmente como médica, mãe e filha de um pai e de uma mãe de 80 anos, meu medo e minha ansiedade nunca voltaram àquele nível superalto. Eu me adaptei o melhor que pude, mental e emocionalmente, ao nosso novo normal. Tudo isso não quer dizer que eu esteja em negação ou que consiga, de alguma forma, ignorar os problemas que a pandemia produziu, incluindo desemprego generalizado, desigualdade racial, luta financeira e um número impressionante de mortos. Eu nunca poderia ignorar esses fatos. E eles me incomodam profundamente, todos os dias. Mas eu aprendi a aplicar o conselho que minha mãe, uma enfermeira aposentada, reiterou por anos: "Você não pode controlar o que acontece. Mas você pode controlar o que você faz com o que acontece".

Lembrar os aforismos de minha mãe e depender de "fatos e não de medos" são algumas das maneiras pelas quais usei a conversa interna para lidar com a ansiedade em relação ao nosso novo normal. Essas estratégias podem ajudá-lo também, mas existem inúmeras outras maneiras de lidar com o mental e com as consequências emocionais de nosso novo normal. Durante a pandemia eu descobri, aprendi, experimentei e recomendei novas maneiras de enfrentar a montanha-russa de ansiedade, estresse, depressão, tristeza, solidão e/ou esgotamento que muitos de nós agora encaramos. Eu vi em primeira mão como meus pacientes, amigos, colegas e telespectadores com quem falei no ar começaram a se curar de dificuldades mentais. Eu também li a pesquisa, relatei sobre ela e falei muito com os principais especialistas sobre quão abrangentes os problemas de saúde mental estão agora – o que muitos psiquiatras chamam de "segunda pandemia" do mundo.

Se você está pensando que não tem nenhum problema de saúde mental para tratar, eu o encorajo a reconsiderar. Como eu disse na introdução, a pandemia tem sido muito perturbadora, assustadora e traumática para que não tenhamos algum nível de estresse pós-traumático. Além do mais, quase todo mundo já experimentou uma perda desde 2019. Sua perda pode ser óbvia – um ente querido, seu emprego, sua casa ou seu negócio – ou mais sutil, como sua liberdade para viajar, ver amigos e família, exercitar-se em uma academia ou manter relacionamentos com aqueles que não têm a mesma tolerância ao risco que você. Mas todos nós sofremos algum tipo de perda – e é fundamental reconhecer e lamentar essa perda. Se não fizer isso, pode ser que você nunca supere isso, permitindo que o trauma da pandemia o assombre nos próximos meses.

Mas tão importante quanto a cura de nossas perdas passadas é aprender a lidar com o que nos resta hoje, que é a vida em nosso novo normal.

Dependendo da sua situação, você pode estar tão estressado com trabalho, família ou ansiedade financeira que nem teve tempo de pensar como o novo normal o está afetando. Por outro lado, você pode viver sozinho e ter todo o tempo do mundo para pensar sobre as provações e as tribulações de um novo normal. Como você se sente sobre nossa nova realidade pode ser sutil também. Michelle Obama, por exemplo, anunciou que agora sofre de uma "depressão de baixo grau" devido à pandemia – algo com que muitos provavelmente podem se identificar.

O ponto principal é que é importante ser honesto consigo mesmo sobre como o novo normal o está afetando. Há poucas constâncias em nossa vida agora, e essa incerteza não vai embora – quando e se a pandemia do coronavírus terminar, sempre enfrentaremos a possibilidade de outro surto. Em meio a toda essa mudança, nossas emoções são danos colaterais. Sentimentos desestabilizadores têm nos acompanhado há muitos meses – uma razão pela qual as pessoas que nunca tiveram problemas de saúde mental agora os estão sentindo todos os dias. Entender como a era da pandemia está afetando você, mental e emocionalmente, pode ajudá-lo a lidar com a ansiedade e descobrir um novo nível de saúde mental, felicidade e resiliência.

Neste capítulo, quero lhe dar o maior número de chaves possível para ajudá-lo a encontrar aquela que vai desbloquear um novo nível de saúde mental, felicidade e resiliência para você. Usando o que eu conheço como médica e aprendi na linha de frente desta pandemia desde o primeiro dia, junto com os princípios que aprendi com os profissionais de saúde mental, quero lhe mostrar as maneiras pelas quais você pode aceitar o que não pode controlar e controlar o que pode. O desejo não fará com que sua vida volte ao normal. Em vez disso, eu o incentivo a reformular sua mentalidade e aceitar nosso novo normal para que possa enfrentar o presente – e o futuro – com otimismo e serenidade.

É ASSIM QUE UMA SEGUNDA PANDEMIA SE APRESENTA

Você provavelmente já viu os números e leu as manchetes. Os Estados Unidos estão enfrentando uma segunda pandemia – desta vez, um surto de doença mental – com dezenas de milhões de americanos adoecendo de trauma psicológico.

As manchetes começaram a aparecer apenas semanas após o vírus surgir nos Estados Unidos. Em abril de 2020, quase metade de todos os americanos disse que a pandemia estava afetando negativamente sua saúde mental.[1] Ligações para linhas diretas de emergência para pessoas com problemas emocionais aumentaram mil por cento.[2] Ansiedade e depressao se espalharam, já que os pesquisadores estimaram que metade de todos os americanos estava sofrendo de sintomas depressivos.[3] A venda de álcool e o abuso de substâncias dispararam, junto com relatos de abuso e violência doméstica. Em maio de 2020, a Organização Mundial da Saúde (OMS) alertou para um "aumento maciço nos problemas de saúde mental nos próximos meses."[4] Os médicos começaram a ver picos no tipo de transtorno de estresse pós-traumático (PTSD) tipicamente associado a guerra, violência física e desastres naturais.[5]

Mas foi diferente de guerra, de furacões destrutivos, do Onze de Setembro ou de outros eventos historicamente traumáticos. A pandemia de coronavírus não teve um inimigo discernível. Não teve zonas seguras ou áreas livre de perigo. E talvez o pior de tudo: não teve – e não tem – um fim à vista.

Essa realidade, por sua vez, causou o que os pesquisadores denominaram como "efeitos que alteram a vida a curto prazo e provavelmente a longo prazo" em nosso sistema de saúde mental.[6] *Alterar a vida* é um termo forte para os cientistas usarem, mas não é uma hipérbole. Pense nisso por um momento.

Em escala internacional, a pandemia desencadeou um novo nível de medo diferente de tudo o que o mundo já viu antes, com quase todas as pessoas no planeta temendo por sua vida ou pela vida de sua família em algum momento. A forma como o vírus adoece e mata – tanto prodigiosa como indiscriminadamente – tem causado incerteza paralisante, como a percepção de que ninguém está cem por cento seguro.

Para mim, a universalidade desta ansiedade se tornou palpável quando muitos na ABC foram expostos a um caso de Covid-19 confirmado. Nas próximas semanas, enquanto nos isolávamos, respondi a perguntas de dezenas de colegas que estavam muito preocupados com a possibilidade de terem o vírus. Muito preocupados mesmo. Quase todo mundo me disse estar sentindo um aperto no peito, que eu acabei percebendo que não era devido à Covid-19, mas à ansiedade avassaladora que todos estávamos sentindo.

Conforme a pandemia progredia, a ansiedade quanto à sobrevivência individual se misturou a outras preocupações. Milhões de americanos perderam seus empregos, criando pânico financeiro generalizado, com o fechamento de escolas, deixando famílias lutando para encontrar creches e impedindo alunos mais velhos de seguir seus sonhos. Muitos foram forçados a trabalhar de casa, o que produziu suas próprias ansiedades, e a rotina diária de quase todo mundo foi prejudicada. Quase todas as válvulas de escape, quer você goste de viajar, jantar fora, ver um show, ir para a academia ou mesmo sair para uma caminhada, foram prejudicadas ou transformadas.

Em meio a tudo isso, muitos perderam algo muito maior do que a capacidade de viajar ou até mesmo trabalhar: perderam um ente querido para a Covid-19.

Independentemente do que qualquer um de nós enfrentou ou perdeu, todos tivemos que fazer isso aparentemente sozinhos. Experimentamos *lockdown* ou pedidos para ficar em casa – e é possível que muitos de nós tenhamos que fazer isso de novo. Fomos separados de família, amigos e colegas. Poucos foram capazes de compartilhar a alegria e quase ninguém foi capaz de compartilhar a dor, sem funerais, reuniões familiares ou grupos de apoio com encontros pessoais.

Esse tipo de isolamento gerou uma epidemia de solidão, que os psicólogos dizem que pode levar anos para diminuir.[7] Não só uma crise de saúde mental, é também uma crise de saúde física: sabe-se que a solidão pode aumentar o risco de morte prematura[8] e pode ser tão prejudicial para a saúde geral como fumar até quinze cigarros por dia.[9]

O impacto da pandemia foi sentido por pessoas de todas as idades, etnias e classes socioeconômicas. No entanto, os efeitos foram especialmente prejudiciais para aqueles que tinham problemas de saúde mental antes de a crise do coronavírus atingi-los. Muitos pioraram – e continuarão piorando à medida que a pandemia avança. Os centros de reabilitação também relataram um aumento nas recaídas em pessoas que lidam com problemas com álcool ou drogas.[10]

Outro setor da população mais sujeito a problemas de saúde mental diz respeito àqueles que se recuperaram da Covid-19. Nós agora sabemos que o vírus pode deixar alguns com síndrome duradoura de Covid-19 ou síndrome de terapia pós-intensiva (PICS), desencadeando ansiedade, problemas de sono, depressão ou TEPT.[11] Mesmo aqueles que não recebem cuidados intensivos ou não tiveram Covid-19 grave podem desenvolver esses problemas.[12]

Em outras palavras, todos nós fomos afetados – alguns mais que outros –, e a extensão do impacto da pandemia na saúde mental pode levar anos para ser superada.

Embora possa ser reconfortante pensar que nenhum dos problemas de saúde mental causados pela pandemia afeta você, todo mundo foi impactado de uma forma ou de outra. Isso porque cada um de nós perdeu algo. Talvez você tenha perdido o emprego ou a carreira que o definia. Talvez você tenha perdido seu senso de comunidade, sua rotina diária, a capacidade de viajar ou outro passatempo. Talvez tenha perdido um amigo, um colega ou um membro da família para o vírus. Mas todos nós perdemos algo.

No mínimo, não importa quem você seja, onde mora ou o que gosta de fazer, todos perdemos o senso de normalidade. E essa é uma perda real e profunda.

Até minha mãe chorou várias vezes porque diz que não reconhece mais o mundo em que vive – e, aos 80 anos, seu mundo não é muito amplo agora. Esse é o grau em que a pandemia mudou o que é normal. E apesar de alguns aspectos de nossa vida pré-pandêmica já terem sido retomados, ou venham a sê-lo de outras maneiras, nada jamais será o mesmo de novo.

O que quero dizer é: você não precisa ter um diagnóstico clínico de depressão, ansiedade ou transtorno de estresse traumático para estar sofrendo agora. Você simplesmente tem que ter passado pela pandemia.

Em maio de 2020, quando tudo estava se desfazendo, eu me lembro de ter dito à coâncora do GMA3, Amy Robach, que eu achava muito perturbador o fato de a rede de apoio emocional de todos ter se desfeito repentinamente em um momento em que precisávamos mais do que nunca desse suporte. Depois que perdi meu ex-marido por suicídio, por exemplo, passei por alguns dos dias mais sombrios da minha vida. Mas, apesar da dor, o que me confortava era saber que outras pessoas ao meu redor eram fortes. Durante a pandemia, não podemos contar com a força de outra pessoa porque estamos todos passando pela mesma coisa: estamos todos lidando com a perda.

Como é o luto

Se você acredita que não foi emocionalmente impactado pela crise do coronavírus, pode estar em negação – o primeiro dos cinco estágios do luto, proposto pela primeira vez por Elisabeth Kübler-Ross. Apesar de o modelo, antes popular, não ser mais amplamente utilizado entre os psiquiatras – aprendemos que as pessoas processam o luto de maneira diferente e algumas até pulam fases[13] –, saber um pouco sobre cada etapa pode ajudá-lo a confrontar e, eventualmente, a superar suas emoções:

- *Negação*: Recusar-se a aceitar a ocorrência de uma perda pode ajudar alguns a minimizar a dor e o choque iniciais.
- *Raiva*: O sofrimento por causa de uma perda pode causar raiva em alguns, frustração, irritação e/ou ansiedade. Alguns também podem se culpar pela perda.
- *Barganha*: Isso pode ocorrer quando alguns começam a negociar consigo mesmos ou com um poder superior para ajudá-los a mitigar a dor. Por exemplo, alguns podem negociar jurando: "Por favor, Deus, se eu não ficar doente agora, prometo começar a cuidar da minha saúde imediatamente" ou "Assim que isso terminar, mudarei X, Y ou Z".
- *Depressão*: Alguns terão uma sensação de tristeza assim que a realidade da perda for real.
- *Aceitação*: Por fim, a maioria aceitará a perda e perceberá que ficará bem.

Também é importante reconhecer que pode demorar, para algumas pessoas, meses ou mesmo anos para que a realidade de nosso novo normal seja assimilada. Assim como essa crise afeta a todos de maneira diferente, ela também tem uma maneira própria de aterrissar na linha do tempo das pessoas que é tanto imprevisível quanto profundamente pessoal.

OLHANDO PARA DENTRO E VIVENDO

Desde o início do surto, você provavelmente experimentou uma gama de emoções – talvez até mais de uma vez. Como nossas emoções mudaram muito e todos vivenciaram coisas diferentes em seu próprio tempo, não existe um conselho que sirva para todos na luta por saúde mental que você pode estar enfrentando.

Mas, assim como o espírito humano é universal, existem algumas verdades universais sobre como podemos lidar com nossas emoções. O primeiro grupo das estratégias nesta seção é interno, o que significa que pode ajudar você a encontrar a força interior para ajudá-lo a curar e construir resiliência. O segundo grupo de estratégias é externo, projetado para ajudá-lo a se conectar com outras pessoas além de você que podem ajudá-lo a se orientar de volta à terra firme. Usei cada uma dessas estratégias em momentos diferentes e o encorajaria a experimentá-las para encontrar a combinação que melhor funciona para você.

Conversa interna para viver na pandemia

Em nosso novo normal, em que as coisas muitas vezes parecem de cabeça para baixo ou incertas, o que você diz a si mesmo é a chave para manter suas emoções sob controle. A conversa interna requer honestidade consigo próprio, junto com o reconhecimento de que tudo o que sente está certo. Tente não ficar se julgando nem lutar contra seus sentimentos ou fingir que essas emoções não existem. Para se curar, precisa ser honesto com você mesmo sobre o que está sentindo. Não existe resposta errada.

Reconheça sua perda. Todos nós sofremos perdas. O primeiro passo no luto dessa perda é reconhecer o que aconteceu e que as emoções negativas que pode sentir agora existem por uma razão. Você não precisa se preocupar com sua perda, mas também não a minimize nem a enfeite. O reconhecimento abre a porta para a aceitação.

Aceite a incerteza. Já disse no ar várias vezes: ninguém tem uma bola de cristal. Ninguém sabe o que vai acontecer amanhã – ou duas semanas ou dois anos a partir de amanhã. Isso sempre foi verdade, ainda mais em uma pandemia. Nem você, nem eu, nem mesmo o dr. Anthony Fauci sabe como isso vai acabar ou como nosso mundo será no futuro. E tudo bem.

Aceitar a incerteza pode ajudá-lo a parar de procurar respostas em uma bola de cristal turva. Isso pode fazer com que você aprenda a aproveitar o momento e olhar para o futuro de braços abertos. O que vai ser, será. O futuro pode ser maravilhoso, pode ser desafiador ou pode ser ambos, mas esta é a beleza da vida: quando nada é certo, tudo é possível.

Escolha os fatos em vez do medo. Esse mantra simples me ajudou a superar meus próprios medos e minha ansiedade. Por mais que as emoções cruas, como tristeza, solidão e a ansiedade, possam parecer reais, elas não são baseadas em fatos – elas são suas respostas a uma situação ou um conjunto de circunstâncias. Identificar e focar no que você sabe ser verdade, em vez de deixar o que pensa ou sente ser verdade, pode ajudá-lo a mudar a forma como reage.

Por exemplo, se você está se sentindo ansioso porque perdeu seu emprego, reavalie seu próprio conjunto de fatos. Existe uma maneira de ganhar a vida que você está escolhendo não tentar por algum motivo? Tem alguma forma de usar isso como oportunidade para se refazer ou reentrar no mercado de trabalho em um nível superior? Suas respostas são os fatos. Você não tem que agir em relação a eles, mas identificá-los e lembrar-se das evidências podem transformar emoções desagradáveis em paz interior.

Substitua a tristeza pela gratidão. Quando sofremos uma perda, não importa de que tipo, ela deixa um buraco em nosso coração. Nós podemos chafurdar nele ou começar a curar esse buraco substituindo a dor por gratidão. Pode ser difícil ser grato em tempos áridos, mas todos podemos encontrar coisas pelas quais ser gratos, seja pela nossa saúde, pela casa, por um relacionamento especial com um amigo, ou mesmo pela nossa capacidade de comprar e ler um livro.

Você também pode ser grato pela mesma coisa pela qual está sofrendo – na verdade, isso pode ajudá-lo a se recuperar de uma perda mais rapidamente. Por exemplo, você pode estar chateado por não poder ver sua família pessoalmente, mas pode ser grato por ter uma família.

Lembre-se da sigla RAIN (em inglês, *Recognize*, *Allow*, *Investigate* e *Nurture*). Esse acrônimo, criado pela psicóloga Tara Brach, significa reconhecer, permitir, investigar e nutrir; ou seja: reconhecer seus sentimentos; permitir que eles existam; investigar por que você está se sentindo assim; e nutrir a si mesmo com autocompaixão. É uma das ferramentas mais úteis que encontrei que me ajudam a desacelerar sempre que sinto os pensamentos ou os sentimentos fora de controle.

A RAIN pode parecer simples, mas quando você reconhece seus sentimentos permite que existam e tenta ver sua dor de uma outra perspectiva, você se abre para um novo nível de consciência e para o fato de que está sofrendo. Você pode então tentar dar a si mesmo a compaixão de que precisa, seja na forma de perdão, garantia ou simplesmente amor-próprio.

Evite se acalmar com alimentos e bebidas. As vendas de bebidas e comidas reconfortantes, como biscoitos e batatas fritas, dispararam logo após o início da pandemia. Por mais que consumir esses produtos possa parecer uma forma de evitar a dor e a incerteza, consumir muito álcool ou *junk food* geralmente apenas intensifica nossos problemas após o barato inicial da bebida ou do açúcar. Além do mais, beber muito ou comer muito açúcar pode prejudicar sua saúde física, potencialmente tornando-o mais suscetível à Covid-19.

Estabeleça uma rotina. Depois que todo o seu mundo se despedaça, criar um novo porto seguro pode ajudar a aliviar a ansiedade e a perda.

Você provavelmente não foi capaz de voltar à rotina diária que tinha antes da pandemia, e tudo bem. Em vez disso, basta criar uma nova rotina e cumpri-la.

Minimize as notícias. Isso pode parecer surpreendente vindo de alguém que dá notícias diariamente, mas assistir ou ler as notícias da imprensa o dia todo pode arrastá-lo para as profundezas do desespero, de acordo com profissionais de saúde mental. Tente desconectar por poucos dias para avaliar se isso o anima, mental ou emocionalmente.

Quando tirei umas férias curtas em casa, em julho de 2020, não liguei a televisão nem uma vez nem chequei as notícias no meu telefone por nove dias. Eu me senti muito mais relaxada, não apenas porque não estava trabalhando sem parar, mas também porque não estava envolvida na sobrecarga emocional que as notícias podem desencadear para algumas pessoas.

Encontre sentido nas pequenas coisas da vida. Vários meses após o início da pandemia, voltei a sentir verdadeiro prazer em atividades comuns, como cortar grama e cozinhar uma refeição.

Como não podia realizar coisas em outras áreas da minha vida, eu percebi que esses projetos cotidianos tinham ganhado um novo significado, especialmente quando ofereciam uma sensação visceral de realização, como ver um gramado recém-cortado ou saborear um novo prato delicioso. Desde então, aprendi a comemorar mais as pequenas vitórias da vida.

Quando procurar ajuda

Se você sofreu de depressão clínica, ansiedade, transtorno de estresse pós-traumático (TEPT) ou outro problema de saúde mental no passado – ou teme estar enfrentando uma crise aguda de problema de saúde mental agora –, o olhar para dentro e o viver podem não estar sendo suficientes para ajudá-lo a se curar. E, se estiver com dificuldades, eu o encorajaria, se você tem histórico de doença mental ou não, a procurar a ajuda de um psiquiatra, psicólogo, assistente social, terapeuta licenciado ou profissional de saúde mental. Não há vergonha em pedir ajuda – todo mundo precisa de um pouco de vez em quando, incluindo médicos como eu. Não sabe se precisa de ajuda para um problema de saúde mental? Se você está considerando a possibilidade, não faz mal nenhum falar com um profissional de saúde mental que possa ajudá-lo a decidir o que você pode precisar.

Curando-se com a ajuda de outras pessoas

Ninguém é uma ilha por si só. Somos todos seres humanos e, por nossa natureza, precisamos de conexões com outras pessoas para sobreviver.

Embora aprender a se curar por dentro seja crucial, olhar para os outros para ajudá-los a se curar é incrivelmente importante, se não essencial. Todos, e quero dizer todos, precisamos de ajuda extra. Aqui estão algumas ferramentas para auxiliá-lo a obter a ajuda de que precisa:

Saiba que você não está sozinho. Pode ser que você não possa contar com os outros para ter força e apoio, mas pode contar com eles para ter solidariedade. Todos nós passamos pela mesma coisa e estamos todos de luto. Você não está sozinho nisso, o que pode ser uma percepção reconfortante.

Conecte-se com amigos e familiares. Os seres humanos são animais sociais, e ansiamos por conexão com outros. Por mais tentador que seja nos retrair quando estamos sofrendo, fazer isso não vai ajudar nossa saúde física, mental ou emocional. Estenda a mão para família, amigos, colegas e vizinhos sempre que puder, mesmo que seja apenas para dizer oi.

Conecte-se com estranhos. Você já ouviu o ditado "Pratique o bem sem olhar a quem". Embora isso possa fazer os outros se sentirem bem, também pode fazer *você* se sentir bem. Em outras palavras, você não precisa depender apenas de amigos e familiares para ter conexão social. Atos aleatórios de bondade podem ser pequenos, como agradecer a funcionários de restaurantes e mercados sempre que os vir, ou lembrar o nome do funcionário dos correios ou entregador que você vê todas as semanas. Pense também em fazer voluntariado, seja por meio de canais virtuais ou presencialmente.

Conecte-se com os animais. Embora sejamos criaturas sociais por natureza, estar com outros seres humanos não é a única maneira de satisfazer nossa necessidade inata de nos conectar. Há uma boa razão para as pessoas terem esvaziado abrigos para animais durante a pandemia: os animais podem ajudar a satisfazer nosso animal social interior e curar depressão, ansiedade, solidão e outras formas de trauma emocional.

Ser um pai ou uma mãe saudável em tempos de pandemia

Se você é pai ou mãe, essa pandemia não tem sido fácil. Eu sei bem – tenho dois filhos que viveram comigo por meses durante o surto inicial. Embora Alex e Chloe estejam na universidade, eles ainda são meus bebês, e nosso novo normal nos apresentou uma unidade familiar com um novo conjunto de desafios emocionais e problemas.

Não importa a idade de seus filhos, você provavelmente enfrentará certa ansiedade em relação à saúde deles, juntamente com a incerteza sobre a melhor forma de ajudá-los a se manter seguros e lidar com suas próprias emoções em nosso novo normal. No capítulo 9, mostrarei como cuidar de cada faixa etária - quer seu filho seja uma criança pequena, um pouco maior, pré-adolescente ou adolescente ou esteja na faculdade - e as maneiras como você pode ajudá-los a ficar seguros e a se sentir seguros agora.

Basta lembrar que a saúde mental deles depende parcialmente de você. Como você passa pelo novo normal ajudará a definir o tom para eles. Afinal, a resiliência é um comportamento aprendido. Embora possa ser um desafio ser forte para si mesmo, tente ser forte por eles - às vezes, ter uma causa maior do que nós mesmos é tudo de que precisamos para romper nossas barreiras emocionais.

O CAMINHO ORGANIZACIONAL PARA A RESILIÊNCIA

Eu conheci a filantropa Judith Rodin há vários anos em um retiro para mulheres na Califórnia. Éramos palestrantes no evento, e fiquei extasiada com o que ela tinha a dizer. Judith foi a primeira mulher presidente de uma instituição da Ivy League (1994-2004), presidente da Fundação Rockefeller (2005-2017) e líder de pensamento por anos, mas foi seu livro *The Resilience Dividend: Being Strong in a World Where Things Go Wrong* (tradução livre: "O dividendo da resiliência: ser forte em um mundo onde as coisas dão errado". Public Affairs, 2014) que realmente me conquistou.

O livro de Rodin explora como organizações, cidades, empresas e as comunidades podem construir força e resiliência após eventos catastróficos, e tenho me apoiado em suas ideias desde que a pandemia começou. Como médica, eu sabia que sua plataforma poderia ser benéfica para indivíduos também e passei horas relendo seu livro, pensando sobre sua orientação e até falando sobre sua estratégia na TV.

No livro, Rodin apresenta cinco características que podem ajudar as organizações a criar resiliência. Enquanto algumas se aplicam mais especificamente a cidades, empresas e comunidades, há duas que sinto que são extremamente adequadas para o indivíduo no mundo em que vivemos agora:

» Conscientização de suas circunstâncias, pontos fortes e fracos
» Adaptabilidade a condições de mudança rápida[14]

O primeiro princípio – consciência de suas circunstâncias, pontos fortes e fracos – é a premissa básica da medicina. Todo exame clínico de um paciente começa assim, como os médicos avaliam as circunstâncias dos pacientes – como eles estão se sentindo, seus sinais vitais, seu histórico médico – e seus pontos fortes e fracos com base nessas circunstâncias.

Quando se trata de sua saúde mental e emocional, você pode aplicar a mesma abordagem – novamente, quero incentivá-lo a pensar como um médico. Então, dê uma olhada em suas circunstâncias: Você está vivendo sozinho? Você perdeu seu emprego? Você tem uma rede de amigos com quem pode se conectar? Você é propenso à ansiedade ou tem um histórico de problemas psiquiátricos? Agora, avalie seus pontos fortes e pontos fracos: se você está morando sozinho, está mais isolado do que alguém que mora com a família ou colegas de quarto. Ao mesmo tempo, se você tem uma rede próxima e conectada de amigos, essa força pode ajudar a mitigar os efeitos do isolamento. Identificar circunstâncias, pontos fortes e fracos pode ajudá-lo a avaliar suas condições e abordar as desvantagens antes que se tornem dificuldades.

O segundo princípio – ser capaz de se adaptar rapidamente – é fundamental em uma pandemia. Como vimos com a crise do coronavírus, as coisas podem mudar de uma hora para outra. Isso significa que temos que estar prontos e dispostos para o que quer que surja em nosso caminho, sabendo lidar e não permitindo que os acontecimentos nos incapacitem. Não consegue ver seus amigos ou sua família pessoalmente? Não deixe isso paralisar você, mas encontre novas maneiras de se conectar remotamente. Não pode trabalhar em um ambiente de escritório tradicional? Aceite e tente transformar sua casa – da maneira que puder – em um espaço que pode ser ainda melhor do que seu antigo escritório.

USANDO O AUTOCUIDADO PARA A AUTOCURA

Embora eu esteja sempre aprendendo, sei algumas coisas sobre autocuidado – na verdade, escrevi um livro *best-seller* sobre o assunto: *The Self-Care Solution: A Year of Becoming Happier, Healthier and Fitter – One Month at a Time* (tradução livre: "A solução para o autocuidado: um ano para se tornar mais feliz, mais saudável e em forma – um mês de cada vez" – HarperCollins, 2019). Apesar de eu tê-lo escrito antes de a pandemia começar, o conselho dentro dele me ajudou consideravelmente durante a crise do coronavírus. Se já houve um tempo para parar, respirar e cuidar de si mesmo, é agora.

Primeiro, vamos esclarecer algumas confusões. Muitas pessoas ficam surpresas quando descobrem o que é o autocuidado de fato – e com razão. Como muitos chavões (por exemplo, jejum intermitente, canabidiol, cetogênica), o termo tem sido mal usado, usado em demasia e retratado de forma imprecisa. Para mim, o conceito significa dedicar um tempo para cuidar de sua psique como um médico ou uma enfermeira cuidaria de um paciente. Isso pode parecer autoajuda, mas não é. A autoajuda, que estava na moda na década de 1980, implica que algo dentro de você precisa de ajuda ou conserto. No autocuidado, nada precisa ser consertado: você só precisa ser nutrido.

Qual a melhor forma de se cuidar, então? Existem inúmeras maneiras de praticar o autocuidado, e, como cada paciente é único, cada corpo e cada alma são especiais. Em outras palavras, você não precisa praticar o mesmo tipo de autocuidado que seu amigo, colega ou *personal trainer* praticam. Experimente descobrir o que melhor o nutre e invista nisso.

Aqui estão três áreas nas quais praticar o cuidado, com minhas principais sugestões de atividades para experimentar:

1. **Nutra seu corpo.** Eu acredito que, quando seu espírito estiver doendo, seu corpo pode ajudar na cura. Aqui estão algumas maneiras de ajudar a alimentar seu corpo:
    - **Coma o que você sabe que precisa.** Por mais que tomar meio litro de sorvete ou comer um saco de batatas fritas possa ser atraente agora, não é nutritivo – e não é o que seu corpo realmente precisa para se sentir bem. Lembre-se: autocuidado significa tratar seu corpo como um médico faria com um paciente – e sorvete de chocolate com biscoito não seria receitado. Discutiremos as melhores maneiras de comer certo para a pandemia no capítulo 4 (página 101).
    - **Mexa-se mais.** A atividade física é uma das mais eficazes formas de cuidar de si, com a capacidade de melhorar seu corpo, seu humor e sua mente. Você não tem que correr 5 quilômetros ou fazer uma aula de aeróbica *on-line* com uma hora de duração para se beneficiar – simplesmente dar mais passos pode ajudar. Para conhecer mais sobre o que precisa saber sobre exercícios na era da pandemia, consulte o capítulo 5 (página 123).

- **Aperte o botão de soneca.** Que corpo não ama oito horas de sono? Dê a si mesmo o presente de um sono delicioso agora, porque tudo parece e fica melhor depois de uma noite inteira de descanso. Para saber mais sobre como dormir mais profundamente em nosso novo normal, vá para o capítulo 6 (página 150).
- **Pare, alongue-se e role.** O alongamento pode liberar a tensão, relaxar seu corpo e ajudar você a se sentir mais consciente. Não gosta de alongamento? Experimente usar um rolo de espuma, que é, na minha opinião, a forma mais barata e fácil de massagear os músculos.
- **Beba água.** É como se lembrar de regar plantas em casa – é fácil esquecer no dia a dia, mas esse hábito pode fazer com que todas as cores do mundo pareçam mais brilhantes.

2. **Nutra sua mente.** Embora muitas pessoas pensem em autocuidado como algo que você faz, na verdade o que você pensa e como se sente são igualmente importantes e podem ser igualmente restauradores. Aqui estão algumas maneiras de nutrir sua mente:
    - **Pratique um *hobby* que o deixe feliz.** Parece simples, mas poucos realmente dedicam tempo a praticar hobbies quando estão magoados, tristes, solitários ou ansiosos. Dê a si mesmo o tempo e a energia para fazer o que você gosta, seja pintar, tocar um instrumento ou jardinagem.
    - **Desafie sua mente.** Nada pode ser melhor do que um bom jogo cognitivo para ajudar a distrair sua mente e permitir que seu cérebro veja seus problemas sob uma nova luz.
    Experimente aprender um novo idioma, fazer palavras cruzadas, montar um quebra-cabeça ou ler um bom livro.

- **Reserve um minuto (ou dez) para meditar.** A meditação é uma das maneiras mais eficazes de ajudar a tratar a depressão e a ansiedade, com estudos mostrando que a prática funciona como antidepressivo para alguns transtornos de humor. Procure dicas *on-line* sobre como meditar e torne isso parte de sua nova rotina diária.
- **Escreva tudo.** Escrever é como deixar a alma desabafar, mas você não precisa de ninguém por perto para fazer isso. Escreva o que quiser: o que o incomoda, algo pelo qual você é grato, algo que passou, o que espera realizar. Seu diário é seu espaço, não há modo certo ou errado de usá-lo nem precisa ser algo diário (ha!).
- **Pare já com as telas.** Com tantas pessoas trabalhando em casa, é fácil ficar colado nas telas o dia todo. Mas fácil não significa saudável. Fazer um intervalo no uso de tecnologia sempre que possível pode ajudar a refrescar a mente e o humor.
- **Sorrir, rir ou gargalhar.** Você provavelmente já ouviu isto antes: rir é o melhor remédio. Há pesquisa médica para apoiar essa máxima, com estudos mostrando que uma boa gargalhada pode ajudar a reduzir o estresse, aumentar a felicidade e até melhorar o sistema imunológico do corpo. Acho que todos deveriam rir todos os dias, seja assistindo ao programa de comédia favorito ou falando bobagem com amigos ou família. Uma das maiores lições que aprendi durante meu ano de autocuidado no *The Self-Care Solution* foi rir de mim mesma – e isso é um presente!

3. **Nutra-se junto com alguém.** Muitas vezes pensamos no autocuidado como uma atividade solitária, mas não há razão para que

você tenha que fazer tudo sozinho o tempo todo. Contanto que esteja se focando em si mesmo no autocuidado e não fazendo o que outra pessoa quer ou pensa que você deva fazer, não há mal nenhum em se envolver em atividades com outras pessoas. Na verdade, pode haver alguns benefícios reais no autocuidado, incluindo a criação de sentimentos de comunidade e conexão – duas coisas de que todos nós precisamos agora. Aqui estão algumas maneiras de praticar o autocuidado comunitário:

- **Faça uma aula de ioga *on-line* ou ao ar livre.** Ou qualquer tipo de condicionamento em grupo. Assim, você alimenta seu corpo e sua mente enquanto se conecta com outras pessoas.
- **Assista a um filme, um balé ou um show da Broadway, ou visite um museu virtual junto com alguém.** Não há nada como apreciar arte com outra pessoa. Compartilhe a experiência como você puder e reserve tempo para discutir juntos essa experiência depois.
- **Conecte-se com seu círculo interno.** Reúna sua família ou as pessoas que moram com você para uma noite especial de culinária, jogos de tabuleiro, assistir (ou rever) uma grande partida esportiva, ou outra forma de atividade de grupo que você normalmente não faria todas as noites.

Ao longo deste capítulo, sugeri a você uma série de estratégias que podem ajudá-lo a encontrar mais saúde mental, felicidade e resiliência em nosso novo normal. Você talvez precise testar para encontrar a combinação que o ajuda, mas tenho plena fé de que pode fazer isso. Apesar de todas as perdas que sofremos, o espírito humano pode vencer, especialmente se você acreditar que pode. Ao longo da história, nós sobrevivemos a sofrimentos extraordinários – o Holocausto, Onze de Setembro, duas guerras mundiais – e sempre saímos de tudo com força e otimismo. Nós vamos fazer isso de novo. Você vai fazer isso de novo.

De um modo pessoal, pode ser que você já tenha enfrentado momentos de extrema adversidade emocional. E resistiu à tempestade – afinal, está lendo este livro agora. Lembre-se disso e acredite que pode resistir à tempestade novamente, mesmo se tiver que passar por muita chuva para chegar ao arco-íris do outro lado.

CAPÍTULO 3

Cuidados com a saúde

No início de abril de 2020, o cirurgião-geral dos Estados Unidos fez um pronunciamento na TV e disse ao povo americano que a semana seguinte seria uma das mais difíceis e mais tristes da história do país: "Nosso momento Pearl Harbor, nosso momento Onze de Setembro".[1] Na época, a cidade de Nova York parecia uma zona de guerra, a curva de infecção dos Estados Unidos havia disparado em relação ao mês anterior. O cirurgião-geral agora estava preocupado que tivesse chegado o momento de fazer a contagem de mortes no país.

Naquela mesma semana, eu estava em casa com meus filhos, Alex e Chloe, e nos preparávamos para dormir quando de repente comecei a sentir uma coceira. Momentos mais tarde, enquanto escovava os dentes, senti uma tontura horrorosa. Eu não fiquei preocupada, pelo menos não no início: eu sou alérgica a alguns ingredientes encontrados em determinados alimentos e produtos para a pele e imaginei que tivesse sido algo que tinha comido ou usado no rosto. Tomei um Benadryl e tentei não pensar mais naquilo.

Quinze minutos depois, eu estava tão tonta que tive que me deitar. Eu me arrastei para a cama e liguei para meu namorado, que também é médico. Antes que eu pudesse dizer, ele me perguntou o que estava acontecendo, dizendo que eu estava estranha. Eu verifiquei meu Apple Watch:

meu pulso estava na casa de 130. Eu agora estava taquicárdica – termo médico para explicar uma frequência cardíaca anormalmente alta. Muitas vezes, quando nossa frequência cardíaca está alta, é para compensar uma pressão arterial muito baixa, logo antes de a perda de consciência ocorrer.

De repente, minha frequência cardíaca caiu para menos de 70. Meu namorado me disse para ligar para o socorro.

Gritei para Alex e Chloe entrarem no meu quarto e pedi que chamassem uma ambulância. Pela primeira vez na minha vida, outra pessoa faria por mim o que eu já havia recomendado que fizessem a outros muitas vezes. Em vez de reagir e ajudar, agora era eu quem precisava de ajuda, e foi assustador.

Momentos depois, os paramédicos estavam em meu apartamento. Eles verificaram minha frequência cardíaca, oxigênio e pressão arterial, enquanto eu ficava de pé e deitada. Depois de saber que meus sinais vitais tinham voltado ao normal, contei a eles que sou médica. Eles perguntaram se eu queria ir para o pronto-socorro.

Minha resposta? "Você está de brincadeira? Claro que não. Estou bem."

Ali estava eu, possivelmente em meio a uma emergência médica no meio da pandemia e não queria ir para o pronto-socorro. Relembrando agora, provavelmente tive um ataque de ansiedade ou uma reação estranha ao Benadryl – nunca saberei com certeza. Felizmente, acabou não sendo nada sério. Mas eu estava disposta a arriscar que, independentemente do que eu tivesse, era melhor do que ir para o pronto-socorro no meio de uma pandemia.

Como médica, fui capaz de tomar essa decisão – e acabou sendo a decisão certa. Mas se você não é médico, evitar o pronto-socorro na mesma situação não teria sido o correto: se você está prestes a perder a consciência e está se sentindo mal o suficiente para pedir a outra pessoa para ligar para o 192 (Samu), provavelmente está ruim o suficiente para ir ao hospital.

Isso significa que você deve ir ao pronto-socorro sempre que não se sentir bem? Claro que não. Mas isso nos mostra como ficou complicado tomar decisões, mesmo para médicos, sobre quando, onde e por que devemos procurar atendimento médico.

Em suma, o coronavírus mudou a saúde e a forma como pensamos em medicina preventiva, junto com o porquê e quantas vezes vamos ao pronto-socorro e ao consultório médico. Embora algumas dessas mudanças sejam ótimas – a ascensão da telemedicina, por exemplo, pode beneficiar muitas pessoas, como explicarei mais adiante neste capítulo –, outros acontecimentos comuns que estamos vendo, como evitar consultas médicas e visitas ao pronto-socorro quando necessárias e não manter as vacinas das crianças atualizadas, podem ser prejudiciais ou colocar a vida em risco.

Essas escolhas não surgem necessariamente da negligência ou da ignorância, mas do que agora é o novo normal para todos nós: risco. Em tempos de pandemia, temos que avaliar o risco regularmente e determinar se é seguro fazer certas atividades, o que inclui ir ao médico e ao pronto-socorro. Essas decisões não são fáceis de tomar, mas você não precisa ser médico para aprender a avaliar o risco à sua própria saúde – você só precisa aprender a pensar como tal.

Neste capítulo, direi o que sei e aprendi sobre quando ir ao pronto-socorro em uma pandemia – e quando uma clínica de atendimento de urgência ou um médico de família pode ser a melhor escolha. Também compartilharei com vocês minha experiência com telemedicina e o que você precisa saber sobre como usar o serviço virtual que tem substituído muitos cuidados tradicionais. Também vou dizer quais suprimentos acho que todos deveriam ter em casa durante uma pandemia.

Além disso, vou explicar por que deve aprender mais sobre como gerenciar sua saúde e de que forma essa ajuda pode empoderá-lo, mesmo em meio ao aparente caos de uma pandemia. O objetivo deste capítulo não é fazer com que você se torne seu próprio médico ou provedor de saúde

– até mesmo médicos têm médicos! Mas quero ajudá-lo a tomar decisões e ações mais conscientes para sua saúde e a aprender a ter controle.

O PROBLEMA DO PRONTO-SOCORRO NÃO É O PRONTO-SOCORRO

As histórias começaram a surgir nas manchetes nas primeiras semanas da pandemia: uma mulher saudável em Nova York que não foi ao pronto-socorro porque estava preocupada com o coronavírus e no dia seguinte teve um derrame.[2]

Ou uma mulher do estado de Washington na casa dos 50 anos que esperou uma semana para ir ao hospital para ver qual era o motivo da pior dor de cabeça de sua vida devido aos medos em relação ao vírus, e sua dor de cabeça acabou sendo uma hemorragia cerebral (também conhecida como sangramento cerebral) que os médicos não puderam tratar.[3]

Ou o homem de 38 anos da Pensilvânia que sentia dores no peito, mas adiou a ida ao hospital por causa da Covid-19 e sofreu um ataque cardíaco fatal em casa.[4]

Essas são histórias terríveis e trágicas que representam o extremo, não a norma. Mas elas ajudam a ilustrar uma tendência generalizada que especialistas dizem que pode levar anos para ser revertida: as pessoas estão com medo de ir ao hospital. E isso não é bom.

De acordo com um relatório do CDC, as visitas ao pronto-socorro caíram 42 por cento nas semanas após o início do surto.[5] Na mesma época, um estudo publicado no *The Journal of the American Medical Association* mostrou um grande salto no número de mortes devido a diabetes, doenças cardíacas, mal de Alzheimer e outras causas em hospitais de estados com o maior número de mortes por Covid-19.[6] O pico também não foi insignificante na cidade de Nova York, que viu um salto de 398 por cento nas mortes por doenças cardíacas e 356 por cento no aumento nas mortes por diabetes em comparação com anos anteriores.[7] Pesquisadores atribuíram o aumento ao fato de que as pessoas estavam com medo de ir para o hospital devido ao surto de coronavírus.

Medos do contágio de Covid-19 e do pronto-socorro são compreensíveis – eu também os tinha. Mas são medos, não fatos. Assim, vamos examinar os fatos.

Fato nº 1: Emergências médicas não param devido à pandemia

Apesar de todo o resto poder parar quando há um surto viral, emergências médicas não saem de férias apenas porque há um novo patógeno fazendo hora extra. A apendicite ainda acontece durante um surto, assim como ataques cardíacos, derrames, acidentes de carro e todas as outras razões pelas quais as pessoas podem acabar no pronto-socorro. Não tenha visão limitada a ponto de pensar que a única ameaça à sua saúde é a Covid-19 (ou o patógeno de alto impacto mais recente): toda doença que era um risco antes da pandemia ainda é um risco agora – e com a mesma intensidade.

Fato nº 2: O hospital provavelmente é o lugar mais seguro quando falamos de Covid-19

O principal criadouro do coronavírus que vimos até aqui são os navios de cruzeiro, as prisões, as casas de repouso e o ambiente doméstico. Eu quero que você note que em nenhum lugar dessa lista estão hospitais ou prontos-socorros, apesar de sabermos que a Covid-19 existe em ambos os lugares provavelmente em uma concentração mais alta do que em outros.

É importante lembrar disso porque é um fato, não uma percepção ou uma opinião.

Fato nº 3: Este não é o primeiro desafio do pronto--socorro de sua região

Os hospitais têm lidado com pacientes com doenças altamente transmissíveis há anos. Eles são bem treinados nas práticas de controle de infecção e têm equipes internas inteiras dedicadas a medidas de rápida reação. Os hospitais também têm equipamento de proteção pessoal, salas de pressão negativa para evitar transmissão e outras ferramentas e tecnologia para ajudar a reduzir o risco de outros pacientes adoecerem. Em outras palavras, os hospitais podem praticamente fazer o controle da Covid-19 com o pé nas costas.

Fato nº 4: O sarampo é mais contagioso do que a Covid-19, mas ninguém temeu ir ao hospital durante o surto de 2019

O sarampo é a infecção respiratória mais contagiosa e transmissível no mundo, muito mais do que a Covid-19. Se você entrar em uma sala onde uma pessoa com sarampo tossiu horas antes e você não tiver sido vacinado, há 90 por cento de chance de você contrair a doença potencialmente mortal. Em 2019, houve um grande surto de sarampo nos Estados Unidos, localizado na maior área metropolitana de Nova York. Mas ninguém falava sobre pessoas evitando hospitais em massa, embora muitos casos de sarampo tenham sido tratados em enfermarias.

Fato nº 5: Se os hospitais podem lidar com o ebola, eles podem lidar com a Covid-19

Você se lembra quando o primeiro caso de ebola chegou aos Estados Unidos em 2014? Os americanos ficaram com muito medo depois que um homem foi hospitalizado em Dallas, Texas, com a doença. O vírus, que inclui sintomas como febre, diarreia, vômito e sangramento, é fatal em aproximadamente metade de todos os pacientes infectados. Depois que o caso de Dallas saiu no noticiário, o ebola foi a manchete principal de todo grande meio de comunicação por semanas. O medo dos Estados Unidos tornou-se tão severo que o então presidente Barak Obama pediu ao público que não "cedesse à histeria",[8] em parte porque a histeria foi infundada. Com quatro centros de tratamento de ebola designados no país na época, os Estados Unidos estavam treinados, habilitados e prontos para conter a infecção. (Em 2020, os Estados Unidos tinham mais de trinta centros de tratamento designados.) Esse foi um dos motivos pelos quais vimos apenas onze casos confirmados nos Estados Unidos da doença altamente contagiosa durante o surto de 2014-2016.

Fato nº 6: Os hospitais não estão esperando pelo elo perdido nos cuidados contra a Covid-19

Sim, o coronavírus é uma doença nova, e, sim, estamos continuamente aprendendo mais sobre o vírus todos os dias. Mas isso não significa que os médicos estão sentados no pronto-socorro esperando por uma peça que falta a fim de limitar a exposição a qualquer um que se atreva a pisar dentro de um hospital. O controle de infecção e o atendimento ao paciente nos Estados Unidos se baseiam na ciência mais atualizada e apoiada em evidências – não se fundamentam em hipóteses ou expectativas de um protocolo mais abrangente que virá. Você deve se sentir confortável e confiante de que está recebendo o melhor atendimento disponível sempre que for ao hospital, mesmo quando estivermos lidando com um novo vírus.

QUANDO IR AO PRONTO-SOCORRO

Embora os prontos-socorros sejam lugares seguros e experientes em conter doenças infecciosas, nenhum hospital é 100 por cento seguro para 100 por cento dos pacientes 100 por cento do tempo. Em outras palavras, a propagação de Covid-19 pode ocorrer, vai ocorrer e ocorreu dentro do hospital. Afinal, os hospitais atraem doentes, mas, ao mesmo tempo que médicos e enfermeiros são treinados para lidar com doenças, nem sempre é possível garantir que cada paciente ou membro da equipe conheça ou siga as regras o tempo todo.

É por isso que não é necessariamente surpreendente que um estudo tenha descoberto que até um em cada cinco pacientes com Covid-19 no Reino Unido tenha contraído o vírus enquanto estava sendo tratado de outras doenças em hospitais da área.[9] Ou seja, embora o risco de contrair Covid-19 em um hospital seja baixo, não é zero.

Você também tem uma chance mínima de pegar uma série de outras doenças transmissíveis em um hospital – o que sempre foi verdade, muito antes de o primeiro caso de coronavírus ser registrado. Apesar de o mundo estar concentrado na Covid agora, os hospitais atendem pacientes o tempo todo com doenças altamente contagiosas, como gripe, norovírus e tuberculose. Além do mais, ao contrário da Covid-19, muitos pacientes com esses tipos de doenças infecciosas só sabem ou tomam medidas para ajudar a impedir que outras pessoas também sejam infectadas após seu diagnóstico.

Há outro motivo persistente para não correr para o pronto-socorro cada vez que você tem febre, sente dor ou sofre de dor de estômago. O pronto-socorro é para emergências – daí o nome *pronto-socorro.* Ir ao hospital para questões não urgentes retira recursos daqueles que precisam deles, como todas as pessoas que sofrem ataques cardíacos, derrames, acidentes graves e outros eventos que coloquem sua vida em risco. Idas desnecessárias ao hospital também desperdiçam dinheiro, custando até US$ 8,3 bilhões em despesas evitáveis todos os anos.[10]

Embora alguns achem que é óbvio que o pronto-socorro é para emergências apenas, nem todos compartilham ou podem compartilhar essa percepção: até 30 por cento de todas as visitas ao pronto-socorro são para questões não críticas que poderiam ser facilmente tratadas por uma clínica de atendimento de urgência ou um médico em consultório.[11] Infelizmente, no entanto, muitos americanos não têm um provedor de saúde regular ou não podem pagar convênio, contando com o pronto-socorro para atendimento médico básico. De qualquer forma, é importante que aqueles com recursos de saúde não aumentem a tensão, especialmente durante uma pandemia, quando tantos hospitais já estão sobrecarregados.

Essas são apenas algumas das razões para pensar duas vezes antes de ir ao pronto-socorro durante uma pandemia. Ao mesmo tempo, existem muitos motivos para correr para o hospital e impedir a si mesmo ou um ente querido de se juntar à recente série de histórias trágicas sobre pessoas que não foram ao pronto-socorro por medo de pegar o coronavírus. Mas como tomar essa decisão? Ou quando os benefícios de ir ao pronto-socorro superam os possíveis riscos, incluindo exposição à Covid-19?

Antes de chegarmos a essas respostas, quero esclarecer algo: não estou sugerindo que alguém tente cuidar sozinho da própria saúde em vez de falar com um médico ou um profissional de saúde. Afinal, não vivemos na Lua, o que significa que boa parte de nós tem acesso a uma clínica ou a um provedor de saúde para o qual podemos ligar ou ao qual visitar a qualquer hora, mesmo à noite e nos fins de semana (porque quase todos os médicos oferecem atendimento pós-expediente).

Dito isso, quando há uma pandemia acontecendo no mundo, vale a pena conseguir pensar como um médico e pesar os prós e os contras de ir a uma emergência lotada com uma sala possivelmente carregada onde você pode ser exposto à Covid-19 ou a uma série de outras doenças transmissíveis.

Com esse entendimento, aqui estão algumas coisas a considerar se e quando você ou um ente querido estiver pensando em ir ao hospital:

- **Chame o socorro se houver risco de vida ou a membros.** Se você tiver dor no peito, dificuldade para respirar, ficar em pé, comer, beber ou falar, tiver sofrido um acidente grave ou tem uma dor aguda que está piorando, vá ao pronto-socorro imediatamente. Esses são todos sintomas que podem indicar uma emergência de ameaça à vida ou a membros.
- **Pergunte a si mesmo o impensável.** Outra maneira de analisar se você precisa de cuidados de emergência é perguntar a si mesmo se os sintomas que está sentindo podem matá-lo. Por exemplo, uma torção no tornozelo ou uma dor de garganta podem não ser fatais sem uma ida imediata ao pronto-socorro. No entanto, dor no peito ou dificuldade para respirar podem ser sinais de um problema com risco de vida e provavelmente merecem atenção imediata.
- **Tome a decisão com seu cérebro pré-pandêmico.** Eu disse várias vezes no ar: se antes de pandemia você iria ao pronto-socorro com os mesmos sintomas, vá agora. Claro e simples.
- **Pense para melhor ou para pior.** Em geral, com uma ênfase extra no *em geral* – situações realmente graves não melhoram sozinhas. Na verdade, a maioria piora. Se você está piorando cada vez mais, ligue para o socorro. Mas se seus sintomas estão melhorando e não são sinais de que sua vida pode estar em risco, procure ligar para seu médico ou ir a uma clínica de atendimento de urgência.
- **Pese seus fatores de risco.** Cada paciente é diferente, por isso é difícil fazer generalizações sobre sintomas não específicos para a população como um todo. Mas ninguém conhece seu corpo como você, assim como seus próprios fatores de risco únicos e individuais (ou, pelo menos, você deve saber essas coisas – veja na página 35 como conduzir uma autoavaliação de pandemia), coisas a ponderar na decisão de ir ou não ao pronto-socorro.

Por exemplo, se você é um homem na casa dos 50 com um histórico de pressão alta e começa a sentir dor no peito, agora não é a hora de esperar para ir ao pronto-socorro. Contudo, se você é uma mulher de 20 anos, saudável, com dor moderada no peito e nenhum histórico de problemas cardíacos, é muito menos provável que esteja tendo um evento traumático. No entanto, se uma jovem de 20 anos com arritmia começa a sentir a mesma dor leve no peito, a coisa muda.

- **Concentre-se em identificar os patos.** Existe um ditado na medicina que gosto de usar frequentemente no ar e na minha prática médica: "Se algo parece um pato, nada como um pato e grasna como um pato, provavelmente é um pato". Em outras palavras, se está tendo sintomas semelhantes a um problema que um médico diagnosticou em você antes ou se apresenta todos os clássicos sintomas de uma doença comum, é provável que seja isso.

Por exemplo, se você tem tendência a enxaquecas e está sentindo uma dor de cabeça que talvez esteja durando um pouco mais, é provável que esteja tendo outra enxaqueca – não é provável, portanto, que seja um aneurisma ou um tumor cerebral. Embora possa ser fácil começar a imaginar cenários piores, especialmente com a ajuda da pesquisa do Google, sempre recomendo fazer o teste simples do pato.

Quando a pior dor de cabeça da sua vida acontecer

Quando os pacientes dizem que estão tendo a pior dor de cabeça de sua vida, nós médicos levamos essa queixa muito a sério. "Pior dor de cabeça da vida", ou WHOL, é na verdade um termo médico que usamos. Se você estiver usando essa frase para descrever seus sintomas, ligue para o socorro. Embora seja rara, a dor pode indicar uma hemorragia cerebral ou um aneurisma rompido.

- **Não deixe zebras entrarem pela porta.** Se identificar patos não é sua praia, aqui está outro ditado que usei no *The View* no inverno de 2020, sobre a probabilidade de ter gripe ou Covid-19 só porque você tem febre e tosse: "Quando ouvir cascos à sua porta, pense em cavalos, não em zebras". Em termos médicos, "zebras" são condições raras que afetam uma pequena porcentagem da população — pense em tumores cerebrais e doenças super-raras.

A probabilidade de você estar sofrendo de uma zebra é muito baixa. Se seus sintomas não são graves, e a única razão pela qual esteja considerando uma ida ao pronto-socorro é para descartar a possibilidade de ter uma zebra, eu recomendo que ligue para seu médico. Lembre-se: coisas comuns acontecem comumente, e o aumento do risco de um evento raro ainda é algo raro.

- **Só porque você *pode* fazer algo em medicina não significa que *deva* fazer.** Só porque você pode ir ao pronto-socorro não significa que deva ir ao pronto-socorro. Às vezes, reformular sua perspectiva é tudo o que precisa para ajudar a tomar a melhor decisão para sua saúde.
- **Lembre-se de que a vida é um grande risco.** Toda vez que sai de sua casa ou alguém com quem você vive sai de casa, você arrisca uma possível exposição à Covid-19, junto com dezenas de outros patógenos. Isso não significa que você possa ou deva viver sua vida em uma bolha de plástico esterilizada. Se há uma razão para correr o risco de se expor a patógenos, é para ir ao pronto-socorro e possivelmente salvar-se de algo muito pior do que o coronavírus.
- **Não tenha medo de ligar para seu médico.** Cada consultório médico ou clínica tem um serviço de atendimento ou uma maneira de entrar em contato com o médico ou atendente após o expediente ou no fim de semana. Se você não tem certeza sobre a relação risco-benefício de ir ao pronto-socorro para tratar um problema sem risco de vida, ligue para seu médico. Não se preocupe: você não o está incomodando. Como

médica, prefiro receber uma ligação de um paciente perguntando sobre um possível problema, por menor que seja, a receber uma chamada do hospital dizendo que meu paciente sofreu um grave problema de saúde porque ficou com receio de entrar em contato comigo.

- **Sua saúde está em suas mãos.** Não importa aonde você vá, seja o pronto-socorro, uma clínica de atendimento de urgência ou um consultório médico, lave bem as mãos e mantenha distância dos outros pacientes – duas coisas que devemos fazer mesmo quando não estamos enfrentando uma pandemia. Também sugiro que você use máscara quando for recomendado ou, se sentir mais confortável, um equipamento de proteção pessoal. Finalmente, sempre peça seus registros médicos e cópias de quaisquer resultados de testes para que os tenha em mãos e prontamente acessíveis se precisar passar por um acompanhamento em outro local.

A verdade sobre cuidados urgentes

Como saber quando ir a uma clínica de atendimento de urgência em vez de ir ao pronto-socorro? As clínicas de atendimento de urgência atendem a uma necessidade importante nos Estados Unidos, servindo como etapa intermediária entre o consultório médico, que funciona em horário comercial, e a emergência do hospital local. As clínicas de atendimento de urgência são perfeitas para o diagnóstico de problemas sem risco de vida, como gripe, faringite estreptocócica e outras doenças pelas quais você pode não querer esperar até segunda-feira de manhã – ou simplesmente até a manhã seguinte – para receber um diagnóstico.

As razões para ir a uma clínica de atendimento de urgência e não ao pronto-socorro para esses tipos de doença são multifatoriais. Primeiro, o risco de exposição a doenças transmissíveis, como a Covid-19, é frequentemente mais baixo em unidades de atendimento de urgência, onde há menos pacientes doentes de modo geral, e aqueles que estão lá tendem a passar menos tempo na clínica do que em hospitais. Em segundo lugar, as clínicas de atendimento de urgência geralmente economizam tempo e dinheiro dos pacientes em uma ida ao pronto-socorro, o que pode lhe custar horas de espera e milhares de dólares em franquias ou convênios, mesmo se você tiver seguro-saúde. Finalmente, quando opta por ir a uma clínica de atendimento urgente para doenças que não são emergências médicas, você reduz a pressão sobre os hospitais, permitindo-lhes usar seus recursos nos cuidados intensivos daqueles que mais precisam em sua comunidade.

OS PRÓS E OS CONTRAS DA TELEMEDICINA

Em março de 2020, depois que Nova Jersey emitiu pedidos para que as pessoas permanecessem em casa e cancelou todas as cirurgias eletivas, encerrei minha prática médica em Englewood e comecei a contar com a telemedicina para atender pacientes virtualmente. Embora eu tenha usado a telemedicina antes, esta foi a primeira vez que a usei de forma extensiva e quase exclusivamente, como a maioria dos médicos teve que fazer no início do surto de Covid-19.

A telemedicina, que usa a tecnologia como *streaming* de vídeo ao vivo para diagnosticar e tratar pacientes, não era particularmente difundida antes de a Covid-19 fechar quase todos os consultórios médicos em todo o país. Na verdade, de acordo com uma pesquisa recente da McKinsey & Company, apenas 11 por cento dos americanos haviam usado telessaúde em 2019 – avanço rápido para abril de 2020, quando 46 por cento já tinham experimentado telessaúde apenas nos primeiros dois meses da pandemia.[12] Além disso, 76 por cento de todos os pacientes dizem que estão interessados em experimentar a telessaúde, agora que a pandemia tornou o serviço essencial para cuidados médicos contínuos.[13]

Apesar da vontade de muitos pacientes hoje de falar com um médico *on-line*, os equívocos sobre a telemedicina persistem, principalmente pelo fato de a prática não ser tão eficaz quanto as visitas pessoais e de prejudicar a relação paciente-médico. Embora os médicos obviamente não possam fazer tudo por vídeo ou telefone, podemos diagnosticar, prescrever e tratar pacientes com uma série de condições e problemas. Na verdade, a pesquisa mostra que a telemedicina ainda ajuda a salvar vidas, fornecendo imediatamente cuidados aos pacientes durante todo o tempo, enquanto limita sua exposição a doenças infecciosas mortais como a Covid-19. O serviço pode ser especialmente benéfico a pacientes mais velhos, àqueles com deficiências físicas ou limitações de locomoção e a pessoas que vivem em áreas rurais e podem receber atendimento de forma mais conveniente e rápida por meio da telemedicina.

A telemedicina também costuma custar menos do que as consultas presenciais[14] e pode economizar milhares de dólares para alguns pacientes, evitando emergências médicas, segundo estudos.[15] Você também pode economizar muito tempo agendando uma consulta de telemedicina ao evitar a ida ao consultório médico e o tempo que passa em uma sala de espera. Quando eu estava atendendo quase exclusivamente através da telemedicina, finalmente consegui atender as pacientes no horário porque também não estava lidando com pilhas de papelada (é muito mais fácil combinar gráficos digitais e videochamadas) e uma sala de espera cheia de pessoas possivelmente doentes.

A pontualidade não foi a única vantagem da telemedicina para mim durante o início da pandemia. O serviço também me permitiu ser capaz de ver fisicamente as pacientes, o que os médicos obviamente não podem fazer pelo telefone (embora algumas das minhas pacientes se dessem bem com um bom telefonema à moda antiga). Isso é fundamental, porque nos permite fazer a parte subjetiva da consulta de um paciente quando descobrimos coisas como, por exemplo, se alguém parece desgrenhado ou ansioso ou exibe qualquer outra pista visível de seu estado físico e mental geral.

Com algumas pacientes, também pedia que checassem seus próprios sinais vitais, como temperatura e frequência cardíaca, que é mais fácil de fazer durante um vídeo quando eu posso ter certeza de que as informações estão sendo coletadas corretamente. Também usava nossas sessões de vídeo para solicitar exames remotos, se necessário, revisar resultados de exames anteriores, prescrever medicamentos e fornecer recomendações de saúde. O vídeo ao vivo ainda permite que eu me conecte mais intimamente com meus pacientes do que poderia por telefone ou e-mail (embora ligações, mensagens de texto e e-mails sejam considerados parte da telessaúde – um termo genérico e abrangente que inclui ferramentas tradicionais de telecomunicações além de *streaming* de vídeo e tecnologia mais avançada).

Ao mesmo tempo, sou uma ginecologista-obstetra, uma especialidade na qual exames físicos táteis são essenciais. Estes não podem ser administrados remotamente, então, quando ainda havia muito a fazer, eu ficava limitada em minha prática. Durante o surto inicial, tive que pedir a algumas pacientes para me encontrarem no meu consultório – ou enviei a elas pelo correio os procedimentos – para executar exames quando achava que o assunto era mais urgente e a telemedicina sozinha não daria conta.

Existem outras desvantagens na telemedicina também. Não se pode fornecer oxigênio, aplicar um soro ou administrar, de forma remota, outros cuidados que salvam vidas. Os médicos também não podem tirar sangue, coletar urina ou realizar outros exames que podem ser necessários. Embora algumas especialidades, como psiquiatria, dermatologia e gestão de doenças crônicas, sejam mais adequadas para a telemedicina, outras, como obstetrícia e cirurgia, não são. Eu acredito que também há algo insubstituível em estar na mesma sala que os pacientes e ser capaz de interagir mais intimamente com eles do que uma tela jamais permitirá que aconteça.

Mas essas desvantagens são pequenas quando você considera o que a telemedicina permitiu aos médicos fazer durante a pandemia: fornecer serviço de saúde para milhões de americanos que, de outra forma, não conseguiriam receber atenção médica. Isso é enorme – e um motivo pelo qual a telemedicina só vai continuar a se expandir agora que a pandemia expôs como o serviço é fácil, conveniente e essencial ao nosso novo normal.[16]

Eu encorajaria quem está hesitante em usar a telemedicina a experimentá-la. Afinal, a prática, como a pandemia, não vai embora em breve, e, como você pode ver, há uma série de possíveis vantagens para o paciente, inclusive que o serviço reduz o risco de exposição à Covid-19 enquanto economiza tempo, dinheiro e possíveis complicações de saúde no futuro.

Se você ainda não está entusiasmado, lembre-se de que as pessoas costumam desconfiar da nova tecnologia na primeira vez que a usam e depois ficam felizes por terem tentado. A primeira vez que depositei um cheque *on-line*, por exemplo, eu estava cética. “Sério? Eu vou só tirar uma foto deste cheque e ele vai acabar magicamente na minha conta bancária?” Mas funcionou – e funcionou todas as vezes desde então. Hoje, é assim que prefiro usar o banco, porque é mais fácil e mais conveniente do que ir à agência pessoalmente.

SETE ITENS ESSENCIAIS PARA CUIDAR DA SAÚDE EM CASA

Quando a maior parte do país entrou em *lockdown* no início do surto de Covid-19, muitos americanos não tinham ideia de que eles realmente precisariam ficar em casa por semanas a fio. Eles esvaziaram as prateleiras dos supermercados de tudo, desde refeições congeladas a papel higiênico e desodorizantes de lata de lixo. Mas, no meio de todo o pânico das compras, muitos esqueceram de alguns itens básicos mais importantes: coisas de que eles precisavam para cuidar de sua saúde em casa para o caso de uma emergência médica grave e a grande possibilidade de algum problema de saúde menos importante. Esses itens básicos incluíam não apenas medicamentos prescritos, mas também outros equipamentos comuns que as pessoas devem se lembrar de ter em mãos, quer estejamos enfrentando uma pandemia ou não. Aqui estão sete itens que devem ser adquiridos agora, para que você esteja mais bem preparado para quando e se um problema de saúde surgir:

1. **Uma receita a mais.** Quando as determinações de *lockdown* entraram em vigor no início do surto, milhões de americanos lutaram para obter receitas extras de medicamentos prescritos para ficar em casa por semanas. Alguns não conseguiram sua receita devido a problemas do convênio, enquanto outros enfrentaram escassez devido ao aumento da demanda e a questões da cadeia de suprimentos médicos.

   Se você toma um medicamento prescrito, eu recomendo que tenha pelo menos duas semanas de remédios extras em casa, independentemente de haver ordens restritivas de novo ou não: Como aprendemos com a pandemia, nossa cadeia de suprimentos médicos é vulnerável, e uma dúzia de outros eventos semelhantes pode interferir na disponibilidade da medicação. Converse com seu médico sobre receitas extras; se seu convênio se recusar a pagar, ligue e explique o motivo – muitos convênios já fizeram e farão exceções. Apenas não se esqueça de manter medicamentos prescritos extras em um local fresco, seco e seguro, longe do alcance de crianças e adolescentes.

2. **Uma minifarmácia.** Os medicamentos prescritos não são os únicos suprimentos médicos que enfrentam escassez – dezenas de drogas vendidas sem receita, como xarope para tosse e certas fórmulas antiácidas, também estavam em falta durante os primeiros meses do surto. Além do mais, você nunca sabe quando vai precisar de um frasco de antiácido às duas da manhã. Por esses motivos, sugiro estocar uma variedade de medicamentos vendidos sem receita, mesmo aqueles que você nunca usou antes e acha que nunca usará, porque o momento em que você inevitavelmente precisa de um medicamento desses é quando não pode buscá-lo. Procure incluir um medicamento para tratar dor, náuseas, prisão de ventre, gases, reações alérgicas (por exemplo, Benadryl), alergias (por exemplo, Claritin), coceira (por exemplo, creme de hidrocortisona), infecção de pele (por exemplo, bacitracina), refluxo ácido, congestão nasal e diarreia.
3. **Dois termômetros.** Foram identificadas drogarias sem estoque de termômetros poucos dias após o primeiro caso de coronavírus ter sido diagnosticado nos Estados Unidos. Isso deixou muitos sem a capacidade de medir um dos sintomas do vírus, que também é um sinal clássico de muitas outras doenças, incluindo a gripe, alguma reação adversa a um medicamento e insolação, entre outros.

   Já que vai comprar, não compre apenas um, mas dois termômetros. Ninguém comenta, mas os termômetros podem ser totalmente imprecisos. Por exemplo, quando minha filha Chloe foi fazer um exame de Covid-19 antes de um acampamento de hóquei no gelo, ela teve sua temperatura verificada em um *drive-thru* com um termômetro de testa. A enfermeira disse que ela tinha febre de 38,8°C, embora se sentisse perfeitamente bem e não tivesse sintomas de Covid-19 e muito menos de qualquer outra doença. Um segundo dispositivo diferente provou que sua temperatura estava totalmente normal.

4. **Um *smartwatch*, um rastreador de *fitness* digital, um relógio de pulso ou um oxímetro de pulso.** Uma razão pela qual gosto de usar meu *smartwatch* é que ele torna a verificação da minha frequência cardíaca supersimples e conveniente: você só precisa olhar para o dispositivo. Mas você não precisa de um *smartwatch* ou um rastreador de *fitness* digital para aferir sua pulsação, algo que você pode querer fazer durante uma pandemia, pois as variações na frequência cardíaca podem indicar diversos problemas de saúde, mesmo quando você tem outros sintomas óbvios. Por exemplo, uma frequência cardíaca em repouso acima de 100 batimentos por minuto ou abaixo de 50 batimentos por minuto pode ser sinal de algum problema cardíaco, infecção, overdose de medicamento, problema de tireoide ou outra doença que pode exigir atenção médica.

Você também pode verificar sua frequência cardíaca usando um oxímetro de dedo, um pequeno dispositivo eletrônico que desliza no seu dedo e usa a luz para medir os níveis de oxigênio no sangue do corpo. O relógio da Apple também verifica a saturação de oxigênio no sangue. Oxímetros de pulso se tornaram populares desde a pandemia como uma forma para as pessoas medirem sua saúde respiratória em casa – apenas esteja ciente de que a maioria dos oxímetros não fornece uma leitura precisa do nível de oxigênio.

Ainda, você pode verificar sua frequência cardíaca usando um antigo relógio de pulso: basta localizar sua artéria carótida na parte lateral do pescoço, colocar o dedo indicador e o médio sobre o local e contar o número de batimentos cardíacos por um minuto inteiro.

5. **Kit básico de primeiros socorros.** A piada na minha casa é que temos cinco médicos na família e uma enfermeira aposentada, mas ainda há momentos em que ninguém consegue encontrar um bandeide sequer. Isso não é uma boa ideia. Cortes, quedas, picadas de insetos e outros acidentes acontecem e podem piorar sem primeiros socorros simples – e é por isso que cada consultório, restaurante e prédio público geralmente tem algum tipo de kit de primeiros socorros. Veja se seu kit inclui álcool isopropílico, peróxido de hidrogênio, compressas de gaze, esparadrapo, bandeides, uma bolsa de gelo que possa ser mantida na geladeira, soro fisiológico para limpar os olhos, tesoura, pinças e luvas descartáveis, entre outros itens.
6. **Lista de contatos.** Quando há uma emergência médica em casa, não confie que você vai se lembrar para quem ligar – ou estar fisicamente bem o suficiente para descobrir. Mantenha uma lista de contatos médicos com os números do seu clínico-geral, da farmácia local e de outros contatos de emergência em seu *smartphone* e em papel (no caso de a bateria de seu telefone acabar ou de você estar fisicamente incapaz de acessá-lo). Também ajuda ter uma lista escrita e digital dos medicamentos que você está tomando e as doses prescritas, junto com quaisquer medicamentos conhecidos para alergia, que você ou um ente querido possa levar ao pronto-socorro ou compartilhar com paramédicos ou outros profissionais de saúde.
7. **Plano de emergência médica.** Não espere até o impensável acontecer para decidir aonde você ou algum querido devem ir em caso de emergência médica. Saiba qual hospital é o mais próximo ou onde você prefere receber atendimento e inclua o endereço na sua

lista de contatos médicos. Mantenha um "saco de viagem" em seu armário que inclua uma muda de roupa, um ou dois dias de medicação extra e qualquer outra coisa que você possa precisar para um curto período se de repente tiver que ir para o hospital.

Tudo o que você aprendeu neste capítulo não foi projetado para substituir a percepção, o conselho e o cuidado que um médico ou outro profissional de saúde podem fornecer. Mas agora você tem algumas das estratégias que nós, médicos, usamos para avaliar o risco e ficar seguros quando buscamos (ou não) ajuda médica. Se você puder aproveitar essas ferramentas e começar a pensar como um médico, poderá ter algum controle sobre a sua saúde, porque, em última análise, a eficiência e a rapidez de seus cuidados dependem de você. E, em tempos de crise, saber como gerenciar sua saúde não só pode ajudá-lo a se manter seguro, mas pode até mesmo salvar sua vida.

CAPÍTULO 4

Comida

Quando a cidade de Nova York entrou em *lockdown* pela primeira vez, não fui pega desprevenida. Tínhamos planejado isso na ABC, e a emissora rapidamente montou um estúdio no meu apartamento onde eu poderia transmitir até 13 horas por dia. Também havíamos planejado isso como família, e Alex, Chloe e o namorado de Chloe, Billy, voltaram para casa para morar comigo depois de as faculdades deles terem sido fechadas abruptamente e das ordens para que as pessoas ficassem em casa.

Mesmo estando preparada para trabalhar e ficar em casa, não previ os efeitos que o *lockdown* teria em outras áreas da minha vida, especialmente na minha alimentação. De repente eu estava trabalhando de casa, a poucos passos da minha cozinha e morando com três universitários que comiam mais do que eu já vi seres humanos comerem. Tudo isso também estava acontecendo em um apartamento menor do que a sala de estar de muita gente.

Para quem não conhece a vida na cidade de Nova York, imagine o apartamento que você via em *Friends* e o divida em quatro. Na maioria dos apartamentos de Manhattan, você pode caminhar do quarto para a cozinha em cinco segundos – pode levar dois segundos inteiros para ir da sala de estar até a geladeira. O que quero dizer: morar em um apartamento pequeno torna difícil para você se distanciar da comida – visual, física ou mentalmente.

Antes da pandemia, o tamanho do meu apartamento não era um problema. Como muitos nova-iorquinos, eu ficava fora desde a parte da manhã até a noite, e, quando chegava em casa, meu espaço aconchegante era reconfortante após passar o dia na agitação da Big Apple.

Mas, depois que as ordens para ficar em casa foram dadas, todos nós ficamos confinados em nossa casa e a uma curta distância de nossa cozinha. Mas no meu apartamento eu estava literalmente trabalhando, dormindo e vivendo em cima da comida.

Não ajudou que a ABC tenha montado meu estúdio caseiro pertinho da cozinha (não que houvesse outras opções, na realidade!). Embora o local tenha ficado ótimo na TV ao vivo – e eu sou grata pelo olhar atento da equipe –, eu podia literalmente me virar e pegar um biscoito. Durante 13 horas por dia, ou mais, transmitindo notícias de última hora e relatórios especiais para o *Good Morning America*, o *Nightline* e o *World News Tonight*, eu não precisava pensar sobre o que ou quando comeria: eu só precisava estender a mão e mastigar. Quase não saía da cadeira – o que significa que eu quase não saía da cozinha.

Como muitos americanos, eu também não tinha mais que tomar decisões sobre comida. Não tinha que decidir o que pedir para o almoço do meu escritório ou o que levar para casa para o jantar à noite. Eu não tinha que tomar decisões no supermercado ou na praça de alimentação. A rotina metódica de planejar, fazer compras e sair para fazer as refeições acabou. Em vez disso, a comida estava lá, ao meu lado, ao meu redor e disponível o tempo todo. Eu parecia um rato de laboratório em uma gaiola: simplesmente comia o que havia ali.

O grande X da questão, no entanto, era viver com três filhos de 20 e poucos anos – dois deles eram atletas universitários e os três estavam em ótima forma e comiam 24 horas por dia. A cada duas ou três horas, eles precisavam de comida. Eu não estou falando sobre uns pedaços de cenoura com húmus – um lanche para eles era uma omelete de quatro ovos com dois queijos diferentes. Ou pediam pizza, tacos com batatas fritas e guacamole ou burritos do tamanho de uma bola de futebol do meu restaurante mexicano favorito. Já que era meu apartamento e eu normalmente recebia a entrega, muitas vezes eu comia o que quer que eles pedissem, embora pizzas deliciosas, batatas fritas e burritos de Nova York não fizessem parte do meu estilo de vida normal, de baixo teor de carboidratos. Mas eu estava trabalhando muito, foi uma época estressante e eu sentia que merecia comer o que quisesse.

Havia também a questão da minha comida de quarentena. Depois de o CDC recomendar que todos estocassem mantimentos suficientes para ficar em casa por duas semanas, entrei na internet para comprar sardinhas em lata, biscoitos e azeite de oliva, junto com uma caixa grande de chocolate amargo Lindt com caramelo salgado. Se o mundo estivesse chegando ao fim, eu pensei que pelo menos me divertiria. Mas, em vez de saborear um quadradinho depois do jantar, como faço normalmente, comecei a comer uma barra inteira quase todos os dias.

Dois meses em quarentena depois, eu tinha ganhado quase 2,5 quilos. Além disso, não me sentia bem. Estava cansada, com pouca energia e com dores, e tinha dificuldade para me concentrar. Eu sabia o motivo: estava consumindo açúcar e carboidratos em quantidades que normalmente não consumo – e isso estava afetando minha saúde física e mental.

Quando comecei a me sentir péssima, acordei para o que estava fazendo ao meu corpo. Eu literalmente me sentei e conversei comigo mesma como se fosse um dos meus pacientes. Eu disse a mim mesma que, apesar de parecer ser um bom momento para pirar com minha dieta, a nutrição deficiente podia ser revertida com pequenos passos, e esses passos poderiam trazer grandes resultados ao longo do tempo.

Eu olhei para os outros dois aspectos da minha vida – meus níveis de atividade física e higiene do sono – que, juntamente com a nutrição, compõem o que chamo de *os três pilares da boa saúde*. Meu sono estava bom:

eu dormia em média pelo menos sete horas toda noite, porque sabia que não conseguiria dar as notícias com menos do que isso. Mas eu não estava me movimentando porque não saía de meu apartamento, o que eu sabia que não estava ajudando na minha nova dieta. Comecei imediatamente a acrescentar um pouco de exercício (mais informações sobre como fazer isso durante uma pandemia no capítulo 5).

Ao mesmo tempo, voltei à maneira de comer que sabia que tinha ajudado meu corpo no passado. Isso se baseou em fatos, não em modismos ou medo: eu tinha seguido uma dieta baixa em carboidratos por anos e tinha evidências por experiência própria que me ajudava a perder peso e a me sentir muito bem. Cortei pizza, batatas fritas e outros carboidratos processados e foquei em consumir mais proteína magra, vegetais, laticínios e gorduras saudáveis.

Mas eu não poderia fazer isso sozinha: já que meus filhos eram parte do problema, eu sabia que eles também tinham que fazer parte da solução. Eu me sentei com eles e expliquei que estava mudando minha dieta e precisava da ajuda deles – não queria mais pizza no fim da noite, *quesadillas* para o jantar ou biscoitos caseiros com gotas de chocolate. Eu disse a eles que esse tipo de comida não era ótimo para a saúde deles também, por mais que se exercitassem.

Em duas semanas, eu havia mudado tudo. Perdi um quilo e recuperei minha energia, meu otimismo e meu foco. Desde então, não voltei a comer por estresse ou a comer demais, apesar de a crise ter continuado e vários cenários estressantes terem surgido. Mas eu aprendi minha lição e agora quero mostrar como você pode adaptar e adotar essa lição também, quer você tenha dois ou cem quilos a perder, ou simplesmente queira comer para melhorar sua saúde durante uma pandemia.

Aqui está o que é realmente importante reconhecer em nosso novo normal: a pandemia mudou a forma como todos nós comemos. Todo mundo está cozinhando mais, com pesquisas mostrando um aumento sem precedentes na porcentagem de americanos que agora fazem suas próprias refeições. Também estamos comendo mais petiscos porque estamos passando mais tempo em casa, quer estejamos trabalhando em casa ou simplesmente não saindo com muita frequência. Muitas pessoas, como eu durante o início do *lockdown*, também estão comendo por estresse ou comendo mais – hábitos que são difíceis de deixar mesmo depois que a vida começou a se acalmar novamente.

Além do mais, a pandemia mudou *a forma como devemos comer.* Algumas pessoas podem precisar comer menos em nosso novo normal porque estão menos ativas, uma vez que não vão à academia nem saem de casa com a mesma frequência de antes. Outras podem precisar ajustar sua alimentação porque ganharam peso, seja durante o *lockdown* ou devido a todo o estresse da pandemia em curso. Por fim, todos nós deveríamos comer alimentos diferentes agora, para garantir que estamos fazendo todo o possível para proteger nossa saúde do risco de infecção pelo vírus ou de outra doença contagiosa.

Neste capítulo, vou explicar como a pandemia mudou como todos nós comemos e o que você pode fazer para ser mais saudável, evitar ganho de peso ou perder peso em nosso novo normal. Também vou detalhar como a pandemia deveria mudar a forma como comemos, a verdade sobre comer para aumentar a imunidade e quais alimentos e planos de dieta podem protegê-lo ao máximo contra a Covid-19.

Por fim, vou explicar como o alimento pode realmente ser o seu remédio – ou um dos fatores que contribuem para a piora de sua saúde. Foi por isso que voltei a estudar há alguns anos para obter o meu mestrado em nutrição. Como os médicos não aprendem na faculdade de medicina como a comida pode ajudar ou prejudicar a saúde, eu queria aprender a ajudar meus pacientes e espectadores a comer para otimizar o bem-estar. E não há momento melhor do que durante uma pandemia para ver sua geladeira como uma pré-visualização de seu armário de remédios. O que você pega na geladeira pode muito bem determinar o que você terá que pegar em sua caixa de comprimidos.

COMO A PANDEMIA MUDOU A DIETA DOS ESTADOS UNIDOS

O surto de coronavírus mudou o que, como ou quanto de comida quase todo americano consome. Antes da pandemia, por exemplo, os restaurantes respondiam por 21 por cento de nossas calorias diárias.[1] Agora comemos fora muito menos e cozinhamos em casa com mais frequência, com 60 por cento dos americanos fazendo mais refeições em casa do que faziam antes do surto.[2]

Na verdade, 85 por cento de todos os americanos mudaram o tipo de alimento que comem ou a forma como o preparam, de acordo com uma pesquisa do International Food Information Council.[3]

Muitas de nossas mudanças na alimentação induzidas pela pandemia não foram benéficas para a saúde coletiva de nosso país. Com milhões trabalhando de casa e outros desempregados, os americanos estão comendo mais frequentemente, com pesquisas mostrando até 76 por cento das pessoas beliscando com mais frequência do que antes do surto.[4] Nós também estamos comendo mais de modo geral, com a comida em excesso ocupando o terceiro lugar de problema de saúde mais comum causado pela pandemia, depois da falta de exercícios e da ansiedade, de acordo com a pesquisa.[5]

O que comemos também mudou. Nos primeiros meses da pandemia, a venda de farinha, açúcar, macarrão, salgadinhos, álcool e sorvete disparou. Apesar de termos começado a cozinhar mais, também começamos a assar mais, à medida que as receitas de pão se tornaram virais[6] e nós usamos nosso hábito de cozinha recém-descoberto para preparar pratos como panquecas, que dominaram o Instagram por semanas.[7] Estamos indo menos vezes ao supermercado, onde encontramos menos opções nas prateleiras das lojas, pois os supermercados procuram evitar problemas na cadeia de suprimentos.[8] Também estamos comprando mais alimentos congelados.

Talvez a maior mudança inerente ao nosso novo normal seja que estamos todos comendo mais. Os cinco quilos que muitos ganharam no início da quarentena agora estão se tornando dez para muitos. Embora os relatórios variem, metade das mulheres e um quarto de todos os homens dizem que ganharam peso durante a pandemia, de acordo com a WebMD.[9] Outra pesquisa realizada pela Nutrisystem descobriu que 76 por cento dos entrevistados ganharam até oito quilos durante a pandemia.[10] Conforme relatado no *New York Times*, alfaiates em Nova York dizem que os negócios estão crescendo, com pessoas trazendo calças, saias e vestidos para terem a cintura alargada.[11]

O ganho de peso e hábitos alimentares inadequados estimulados pela pandemia não são fáceis de mudar e podem persistir por anos, mesmo depois que o isolamento terminar. Se você começou a comer por estresse e a comer demais para lidar com a ansiedade ou outras emoções, pode ser difícil simplesmente apagar esse mecanismo de enfrentamento de seu plano de sobrevivência. Mas existem maneiras de evitar comer por estresse e de transformar um mau hábito em uma vantagem (ver página 107).

Quando comer menos não é algo bom em nosso novo normal

Nem todo mundo tem o luxo de comer todos os salgadinhos que quer durante uma pandemia. O impacto econômico do surto causou ou piorou a insegurança alimentar para milhões de americanos. Na cidade de Nova York e em outras áreas urbanas do país, filas em bancos de alimentos se estenderam por quarteirões. Crianças que não puderam ir à escola perderam sua refeição diária. E 60 por cento mais adultos idosos agora enfrentam insegurança alimentar do que em tempos pré-pandêmicos.[12]

Esses fatos desmentem o que está acontecendo em muitas fazendas e locais de produção de alimentos, onde os trabalhadores destruíram plantações, jogaram leite fora e quebraram ovos. Sem o mesmo número de restaurantes, hotéis, escolas e estádios para servir, os fornecedores dizem que não tiveram escolha a não ser jogar fora o estoque perecível.

A pandemia também expôs rachaduras em nosso abastecimento de alimentos. Após surtos de Covid-19 atingirem vários frigoríficos, por exemplo, a disponibilidade de carne abatida caiu conforme o custo disparou. Surtos de compras, interrupção de fornecimento e redução de opções de transporte, entre outros problemas, também levaram à falta de dezenas de produtos alimentícios.

As soluções para esses problemas são complexas – e eu certamente não tenho as respostas. Mas sei que quem tem sorte suficiente de ter muita comida deve se sentir afortunado todo dia. Em todas as refeições que faço, sou muito grata por ter comida, para começo de conversa.

SEIS REGRAS PARA COMER CERTO EM UMA PANDEMIA

Tudo o que fazemos com nosso corpo durante uma pandemia pode ser crítico para nossa saúde geral. Mas uma boa nutrição pode ser uma das melhores medidas de proteção que podemos tomar contra o vírus – e todos os outros patógenos –, sem falar do uso de máscara e do distanciamento social. A nutrição adequada não é uma garantia de que você não terá Covid-19, mas pode reduzir o risco de complicações graves.

Parte do motivo pelo qual a dieta é tão importante é que o que comemos afeta nossa cintura, e já sabemos que estar acima do peso ou obeso é o maior fator de risco crônico para Covid-19 grave. Uma boa nutrição também pode prevenir ou ajudar a tratar o diabetes tipo 2 e pressão alta, e ambos são fatores de risco para a doença. Nossa dieta também pode prejudicar ou ajudar nossa imunidade, deixando-nos mais ou menos vulneráveis a infecções e doenças.

Mas, antes de detalharmos as melhores maneiras de comer, quero derrubar alguns mitos sobre imunidade: não há alimento ou grupo de alimentos que possa protegê-lo contra o coronavírus. Apesar de manchetes sensacionalistas terem aparecido, como "Comer para vencer a Covid-19", esses artigos são baseados em fantasia, não em fatos. Como uma médica que também é nutricionista e acredita no poder dos alimentos para prevenir e tratar doenças, eu não vi nenhuma evidência de que um determinado alimento ou alimentos em geral vão protegê-lo contra esse vírus ou qualquer outro.

Além do mais, a maioria das pesquisas mostrando que alimentos específicos podem melhorar a imunidade se baseia em observação, não na causa. Isso significa que, embora os cientistas possam observar que comer mais laranjas pode melhorar a imunidade, a maioria dos estudos não prova realmente que comer laranjas aumenta a imunidade. Em outras palavras, correlação não implica causalidade. Caso contrário, podemos todos pensar que as vendas de asas de frango causam tempestades de neve porque elas aumentam perto de grandes jogos de futebol, que ocorrem no inverno.

Compreendendo esses fatos, aqui estão minhas seis regras para comer bem durante uma pandemia:

1. **Reduza já o excesso de açúcar.** Se nós aprendemos alguma coisa sobre dieta, é que o açúcar extra é terrível para nosso corpo e nosso cérebro. O açúcar, encontrado em quase todos os alimentos processados, parece aumentar a inflamação, com vários estudos sugerindo que, quanto mais açúcar consumimos, mais inflamação temos. E, quanto mais inflamação tivermos, mais nosso sistema imunológico se enfraquece.

   O açúcar pode ser especialmente prejudicial para aqueles que contraem Covid-19. Embora os dados possam mudar, pesquisas atuais mostram que pessoas com níveis elevados de glicose no sangue são mais propensas a complicações da Covid-19.[13] Estudos também descobriram que ter Covid-19 pode aumentar o nível de açúcar no sangue de um paciente, levando a condições de agravamento.[14] De qualquer jeito, o vírus parece "persistir em um ambiente de elevada glicose no sangue", de acordo com a Federação Internacional de Diabetes.[15]

   Quanto é muito açúcar? A American Heart Association e a Organização Mundial da Saúde recomendam limitar a ingestão diária de açúcar adicionado a 6 colheres de chá ou 25 gramas para mulheres, e 9 colheres de chá ou 36 gramas para homens.[16] Como o americano médio consome pelo menos 18 colheres de chá ou 77 gramas de açúcar por dia, quase todo mundo precisa fazer um ajuste.

   Eu recomendo que você comece lendo os rótulos nutricionais – procure a linha "açúcar adicionado" em todos os alimentos embalados – para ter uma ideia de quanto açúcar você consome atualmente. Lembre-se de que alimentos surpreendentes, mesmo aqueles considerados "saudáveis", podem estar carregados de açúcar, como ketchup, pão, molho de salada, iogurte, molho de espaguete, *smoothies*, aveia instantânea, barras de proteína e refeições congeladas. Procure reduzir alimentos processados ou substitua-os por marcas de baixo teor de açúcar. Açúcar é um vício, então no começo pode ser difícil reduzir, mas eu prometo que o sofrimento é breve. Como acontece com qualquer vício, você vai acabar passando a ter mais facilidade para não comer açúcar e precisará de menos para satisfazer seus desejos alimentares.

Você deve se preocupar com o açúcar se for magro?

Mesmo se você não tiver problema de peso, deve evitar comer muito doce. O açúcar não se importa com o tamanho do seu jeans – consumir muito ainda aumentará a inflamação, diminuirá a imunidade e aumentará o risco geral de doença. Não confunda saúde interna com aparência externa: há muitas pessoas magras que não são metabolicamente saudáveis.

2. **Coma alimentos que vêm de uma fazenda, não de um laboratório.** Você provavelmente já ouviu esse conselho antes, mas se alimentar com alimentos processados, como a maioria dos americanos faz, prejudica sua saúde porque oferece muito açúcar, gordura prejudicial à saúde e produtos químicos alimentares e muito pouco das boas gorduras, fibras, proteínas e micronutrientes que todos nós precisamos para ficar bem. A dieta-padrão rica em alimentos processados pode prejudicar sua saúde geral e enfraquecer seu sistema imunológico.

3. **Considere uma dieta baixa em carboidratos ou cetogênica.** Antes de exaltar os benefícios de comer pouco carboidrato, é importante perceber que nenhum estudo grande e definitivo até o momento mostrou que um baixo teor de carboidratos ou uma dieta cetogênica protege contra a Covid-19. Também não há uma grande quantidade de pesquisas para sugerir que a dieta aumenta a imunidade.

Na minha opinião, a verdadeira razão para pensar em consumir menos carboidratos é a mesma que descrevi no capítulo 1: Consumir uma dieta baixa em carboidratos e rica em gordura e proteína saudáveis é uma das melhores maneiras de perder peso – e perder peso, se você estiver acima do peso ou obeso, é uma maneira infalível de aumentar a imunidade. Seguir uma dieta baixa em carboidratos ou uma dieta cetogênica, também pode ajudar a reduzir os níveis de açúcar no sangue, evitar o diabetes e ajudar a tratar a hipertensão.

Apesar do que você pode ter visto na internet, você não precisa contar gorduras ou gramas de carboidratos ou furar seu dedo para tirar uma amostra de sangue para ter certeza de que está em cetose, um estado em que o corpo queima gordura como combustível em vez de carboidratos. Não somente é controverso o fato de que quem faz dieta consegue entrar em cetose,[17] mas também é quase impossível sustentar esses tipos de dietas super-restritivas durante as semanas ou os meses necessários para ver os resultados.

Meu conselho: não faça dos grãos integrais, como quinoa, farro, arroz, aveia e farinha de trigo 100 por cento integral, mais de um quarto de cada refeição. Reduza significativamente o açúcar adicionado, elimine refrigerantes, doces e outros estimulantes instantâneos de insulina e evite adicionar açúcar ou adoçantes artificiais a café, chá etc.

4. **Coma sua vitamina D.** Se algum alimento tem o poder de aumentar a imunidade, pode ser salmão, iogurte, cogumelos brancos, leite fortificado e outros itens ricos em vitamina D. Estudos agora mostram que o aumento de vitamina D pode melhorar a função imunológica, diminuir a inflamação e até mesmo ter efeitos antivirais – e seus dados se baseiam em associação e causalidade.

   Pode haver outra razão para caprichar na suplementação de vitamina D agora: as pessoas que mais sofreram com a Covid-19 – idosos, obesos, negros e pardos – são mais propensas a ter baixos níveis de vitamina D.[18]

   Por essas razões, sugiro aumentar seus níveis de vitamina D comendo mais alimentos ricos dessa vitamina. Peixes gordos, como salmão e cavala, são a melhor fonte, mas se você não gosta de peixe, pode considerar tomar um suplemento de vitamina D3, que é mais eficaz em aumentar os níveis de nutrientes do que a outra forma comum, a D2. O National Institutes of Health recomenda que adultos com menos de 70 anos ingiram 600 UI de vitamina D diariamente – o equivalente a 100 g de salmão ou pelo menos cinco copos de 240 ml de leite fortificado por dia.[19] Se você é do grupo de alto risco em caso de Covid-19, converse com seu médico sobre a suplementação com doses mais altas da vitamina.
5. **Limite a ingestão de álcool.** Eu amo vinho e tequila tanto quanto qualquer outra pessoa, mas tento não beber muito, principalmente durante uma pandemia, quando a bebida pode ser especialmente prejudicial para nossa saúde. Apesar do fato de que muitos americanos começaram a beber mais álcool durante a pandemia, a bebida é a última coisa de que seu corpo precisa física ou mentalmente durante uma pandemia. Em casos específicos de Covid-19, o consumo excessivo de álcool pode prejudicar o sistema imunológico, aumentar a pressão arterial e os níveis de açúcar no sangue.

6. **Mantenha seu hábito de cozinhar.** Com restaurantes fechados e alguns medos (infundados) sobre a segurança dos serviços de delivery, milhões de americanos começaram a cozinhar mais em casa, com pesquisas estimando um aumento de 60 por cento no número de pessoas fazendo refeições caseiras.[20] Embora nem todas as mudanças motivadas pela pandemia tenham sido benéficas, esta é uma para manter: pessoas que cozinham com frequência em casa são mais saudáveis e consomem menos calorias do que as que comem fora com mais frequência, de acordo com a pesquisa.[21] Para mais informações sobre por que cozinhar em nosso novo normal, vá para a página 111.

OITO PASSOS PARA PARAR DE COMER POR ESTRESSE EM UMA PANDEMIA

Para milhões de americanos, o problema da pandemia não tem sido o que comemos, mas quanto ou com que frequência comemos. Embora eu certamente tenha feito escolhas alimentares ruins no início do surto, o que realmente impactou em minha cintura e meu humor foram a quantidade de comida e a frequência com a qual eu comia. O fato de eu estar comendo por estresse era em parte devido à proximidade: eu estava em casa, a poucos metros da geladeira e dos armários da cozinha o dia todo, o que é algo com o qual muitas pessoas em nosso novo normal podem se identificar.

Para outros, o excesso de comida por estresse veio exatamente disto – do estresse –, junto com os sentimentos de solidão, tristeza, depressão e perda universal que detalhamos no capítulo 2. Eu entendo: este é um momento realmente difícil para todos nós, e é da natureza humana tentar acalmar a si mesma com alimentos, especialmente itens açucarados e ricos em carboidratos que podem fornecer uma melhora momentânea em nosso humor. Muitos também querem preencher a perda com o que podem colocar na boca. Infelizmente, qualquer melhora de humor que obtemos com a comida é apenas momentânea, enquanto comer muito de qualquer coisa – especialmente alimentos ricos em açúcar e carboidratos – pode fazer com que nos sintamos mais vazios no final.

Eu quero que você saiba que comer por estresse e comer demais são realmente problemas comuns – converso com pacientes que sofrem desses problemas todo dia. Mas, embora sejam comuns, não são impossíveis de superar. Aqui estão oito maneiras por meio das quais ajudo meus pacientes a parar de comer por estresse:

1. **Admita que você tem um problema.** É como os doze passos dos grupos de autoajuda: o primeiro passo para a recuperação é admitir que você tem um problema. Para mim, o primeiro passo para voltar aos trilhos foi reconhecer que saí dos trilhos, para começo de conversa. Reconhecer que temos um problema pode desencadear a percepção de que algo tem que mudar, o que às vezes é tudo de que precisamos para ser capazes de iniciar essa mudança.
2. **Ajuste o que entra para poder perder.** Se você ainda está comendo como comia quando saía para o trabalho todas as manhãs ou para a academia depois do escritório todas as noites, é hora de repensar seus hábitos de alimentação. Se você está se movimentando ou se exercitando menos por causa da pandemia, também deve comer menos, pura e simplesmente. Esse foi meu primeiro erro. Em tempos pré-pandêmicos, eu ficava fora do meu apartamento 12 horas por dia, vendo pacientes e andando pelo meu escritório, caminhando para a ABC ou para o mercado, e ia à academia quase todos os dias da semana. Mas, quando eu tive que parar de ir à academia e não saía mais do meu pequeno apartamento, continuei comendo como fazia antes do isolamento.

Isso foi um grande fator para mim em ganho de peso e mudanças de humor.

3. **Fique longe da pressão das pessoas.** Com tanta gente trabalhando ou estudando em casa, familiares e companheiros de quarto estão se encontrando muito mais hoje em dia. Mas não é só porque seu filho está comendo biscoitos ou seu cônjuge está pedindo pizza que significa que você precisa se descontrolar também. Nossos comportamentos alimentares costumam ser influenciados por aqueles ao nosso redor, mas isso não precisa acontecer se estivermos cientes do efeito. Siga sua própria programação alimentar e lembre-se de que o que um adolescente de 15 anos pode comer é diferente do que uma pessoa de 30 anos pode comer, que é diferente do que uma de 60 pode comer.
4. **Peça apoio.** Como governador de Nova York, Andrew Cuomo disse: "Não tem a ver comigo, tem a ver conosco". Estamos juntos nessa, e, quando você fica isolado em casa durante a pandemia, seu comportamento não afeta apenas você – afeta a todos ao seu redor. Quer você more com uma pessoa ou cinco, não há problema em dizer ao seu grupo que você está com complicações de alimentação e precisa de ajuda. Para suavizar a pergunta, pergunte o que é melhor para a equipe, não necessariamente para você, pois ter uma alimentação mais saudável em casa beneficiará a todos. Se você tem compulsão por certos alimentos, peça que eles sejam mantidos fora de casa ou limitados a ocasiões especiais.
5. **Encontre outras fontes de prazer.** A pandemia impede a realização de muitas atividades prazerosas, como jantar fora, passar tempo e sair com amigos, ir a shows ou filmes, viajar, fazer compras, e muito mais. Embora você possa ter começado a comer como forma de repor algum prazer perdido, não é um mecanismo de enfrentamento saudável, especialmente se você está

comendo demais ou se entregando à comida que traz conforto, mas que tem alto teor calórico. Encontre algo com o qual sinta prazer sempre que se sentir tentado a usar a comida para se divertir, como ouvir música, assistir a um programa favorito ou ligar para um amigo.

6. **Lembre-se de que uma pandemia dura muito mais tempo do que um rompimento.** Em dias pré-pandêmicos, normalmente recorríamos aos alimentos que trazem algum tipo de conforto após uma separação, um dia difícil no escritório ou algum outro acontecimento desagradável e isolado. Mas esses exemplos duram pouco e são únicos, não são a norma nem contínuos como uma pandemia é. Em outras palavras, você não tem como se acalmar ao longo de uma crise de saúde contínua. Se estiver usando a comida para lidar com sentimentos de medo, ansiedade, solidão ou mesmo tédio, procure um terapeuta que possa ajudá-lo a lidar com essas emoções sem o consumo de meio litro de sorvete ou um prato de donuts.
7. **Reconheça e então descarte os instintos animais.** Comer compulsivamente é um instinto primitivo. Ao mesmo tempo, o cérebro humano tem evoluído significativamente desde os dias em que comer um animal inteiro junto ao fogo era necessário para a sobrevivência. Os humanos agora têm algo chamado **função executiva**, que nos ajuda a nos autorregular, entre outras habilidades cognitivas de alto nível. Autocontrole é o que ajuda a nos distinguir dos animais. Enquanto os animais continuam comendo até que não haja mais comida, os humanos sabem que não devem fazer isso. Embora seja fácil acreditar que merecemos todos os biscoitos que quisermos durante uma pandemia, não podemos fazer isso se quisermos ser felizes e saudáveis. Da próxima vez que você estiver tentado a comer demais, reconheça seus instintos animais e escolha ouvir sua inteligência.

8. **Faça a mudança de paradigma.** Você não pode continuar fazendo o que está fazendo sem parar e esperar resultados diferentes. Perceba que você tem que fazer uma mudança de paradigma sobre como está comendo e vivendo para reverter um mau hábito e instigar mudança. Você não tem que fazer tudo de uma vez ou cortar cinco grupos de alimentos para obter essa mudança. Lembre-se de que pequenos passos podem resultar em grandes resultados quando você é consistente e paciente.

POR QUE COZINHAR NA PANDEMIA É UM PODER

Antes da pandemia, eu evitava cozinhar tanto quanto evito sapatos desconfortáveis. Eu detestava tanto cozinhar que me oferecia para arrumar a mesa, tirar a mesa e lavar todos os pratos antes de levantar um dedo que fosse para fazer uma refeição. E... eu não era boa na cozinha, de forma alguma. Às vezes em que tentei cozinhar surgiram apenas resultados pouco apetitosos, e eu achava que não tinha paciência nem tempo para isso.

Mas a pandemia reverteu minha falta de vontade de cozinhar em questão de semanas, como aconteceu com milhões de outros americanos. Nós agora estamos cozinhando mais como um país do que nos últimos cinquenta anos.[22] Executivos de supermercados dizem que as pessoas também estão cozinhando coisas mais complexas – uma tendência que eles dizem acreditar que veio para ficar.[23]

Depois que a cidade de Nova York entrou em *lockdown*, comecei a cozinhar em casa primeiro por conveniência: com muitos locais de entrega fechados e com os que estavam abertos demorando, em média, mais de uma hora para entregar em Manhattan, cozinhar ficou consideravelmente mais fácil e mais rápido. Mas, conforme fui ficando mais à vontade na cozinha – e recebi alguns comentários elogiosos de meus filhos, que claramente são fáceis de impressionar! –, comecei a gostar do processo de cozinhar também. Ademais, descobri que cozinhar me dava uma sensação de controle em um momento em que tudo parecia fora de controle.

Minha refeição inicial foi um prato que apresentamos no *Good Morning America*: pimentão assado com carne de peru moída, queijo muçarela e molho marinara. A receita é de Joanie Robach, mãe da âncora do *Good Morning America*, Amy Robach, que lançou um site de receitas incrível chamado My Keto Home, cheio de pratos deliciosos e *low carb*. Eu nunca pensei que poderia fazer algo que parecesse e fosse tão bom, mas foi superfácil – e foi ótimo para meu ego depois que meus filhos me disseram que o prato era a melhor coisa de todos os tempos. Comecei a fazer minhas próprias modificações na receita enquanto aprendia novas.

Eu ainda cozinho hoje, pois aprendi que existem alguns grandes benefícios nesse hábito em nosso novo normal. Aqui estão as razões para manter o hábito de cozinhar:

- **Cozinhar é mais barato.** Quem não gosta de economizar dinheiro? Quando você cozinha em casa, economiza até cinco vezes o que gastaria ao fazer um pedido em um restaurante, de acordo com pesquisas.[24] Embora talvez você precise fazer um investimento inicial em itens básicos se nunca cozinhou antes, esses itens vão valer muito a pena em seu orçamento se mantiver o hábito. Não pense que você tem que fazer apenas macarrão ou outros carboidratos baratos para economizar dinheiro: cozinhar carne, frutos do mar e vegetais e frutas frescas também economiza dinheiro, dizem os especialistas.[25]
- **Cozinhar é mais conveniente.** Esse foi o gancho para mim. Como minha agenda costuma ser insana, eu pensava que não tinha tempo para cozinhar antes da pandemia. Mas, quando o surto aconteceu, percebi que cozinhar minhas refeições não demorava mais do que para pedir comida

pronta, especialmente se levarmos em conta o tempo de espera e o deslocamento na hora de pegar a comida. Você pode tornar o ato de cozinhar ainda mais conveniente aprendendo algumas receitas rápidas, planejando com antecedência e fazendo compras apenas uma vez por semana, que é um hábito inteligente de se adotar de qualquer maneira durante uma pandemia.

- **Cozinhar é educativo.** Cozinhar uma refeição é uma lição em si para todas as idades e várias áreas, incluindo matemática, leitura, física, ciência, economia doméstica e nutrição. Além disso, quando você cozinha com crianças, está ensinando a elas uma habilidade de vida e promovendo uma nova paixão que manterão por toda a vida.
- **Cozinhar é terapia.** Antes da pandemia, eu acreditava que cozinhar era estressante, mas agora sei que isso está longe de ser a verdade. Cozinhar me ajudou a desacelerar e ter tempo para desfrutar de um processo, relaxando-me de uma forma como poucas outras atividades conseguem. Assim como correr, agora vejo cozinhar como um momento de reflexão e autonutrição. Fazer suas próprias refeições também pode ser uma boa distração de qualquer coisa que esteja acontecendo no mundo ao seu redor.
- **Cozinhar é divertido – e uma das poucas atividades sociais que temos.** Além de relaxante, cozinhar também é divertido – e pode ser ainda mais agradável quando você envolve outras pessoas, especialmente agora que temos menos opções sociais do que antes da pandemia. Cozinhar ajuda a preencher o vazio, oferecendo uma experiência comum que pode ser diferente toda noite em que você testar uma nova refeição. Na verdade, tentar novas coisas, como cozinhar, pode ajudar os casais a ficarem mais conectados, de acordo com a American Psychological Association.[26] Você mora sozinho? Cozinhe com os outros e compare técnicas e gostos por Zoom, FaceTime ou Skype. Eu até já soube de pessoas que fizeram jantares inteiros por vídeo ao vivo.

- **Cozinhar é controle quando o mundo parece fora de controle.** Eu passei a cozinhar porque isso me permitia controlar algo – quando, o que e quanto eu comia – em um momento em que tudo estava fora do meu controle. Essa incerteza ainda existe, tanto em nossa vida pessoal quanto no mundo em geral, e cozinhar pode ajudar a fornecer uma sensação de normalidade e controle. Cozinhar também produz resultados imediatos que você pode saborear e tocar, mostrando que pode fazer coisas tangíveis, produtivas e benéficas para melhorar sua vida agora.
- **Cozinhar é mais saudável.** Eu deixei o melhor para o final porque você já ouviu isso antes: pessoas que cozinham com mais frequência em casa consomem menos açúcar e menos calorias. *Chefs* caseiros também têm mais facilidade em manter ou perder peso: quando você faz suas próprias refeições, controla os ingredientes e o tamanho das porções em vez de deixá-los aos caprichos de um *chef* de restaurante. E caprichos podem causar estragos: estudos mostram que a maioria dos pratos de restaurantes contém o número de calorias de que precisamos para um dia todo, tudo em uma única refeição,[27] enquanto 92 por cento de todas as refeições do restaurante são maiores do que o tamanho normal das porções.[28] Cozinhar em casa também evita a tentação que até mesmo as pessoas que comem de modo mais saudável podem sentir quando se deparam com um cardápio de opções tentadoras, por mais que tenham dito a si mesmas que só comeriam uma salada.

É seguro comer comida pronta?

Já ouvi essa pergunta inúmeras vezes e acho importante esclarecer as coisas: o coronavírus é um vírus respiratório, e pesquisas mostram que a Covid-19 se espalha por meio de gotículas e aerossóis, não por meio de alimentos ou pessoas tocando os alimentos servidos a você. Temer que o coronavírus esteja escondido na comida pronta que você compra é um exemplo de medo sem comprovação. Por outro lado, *E. coli*, salmonela, listeria e outros patógenos de origem alimentar, que adoecem milhares nos Estados Unidos todos os anos, podem estar à espreita nos alimentos, mas isso geralmente não impede as pessoas de comer fora.

Durante o início da pandemia, pedi comida para viagem o tempo todo. Na verdade, fiz um esforço consciente de pedir comida em restaurantes da minha região várias vezes por semana, a fim de apoiar pequenas empresas que eu sabia que estavam passando por dificuldades. Meus gastos com comida dispararam, e, por mais que eu me beneficiasse, era o mínimo que eu podia fazer para tentar compensar alguns dos riscos aos quais os trabalhadores essenciais de restaurantes expunham a si mesmos e a suas famílias.

COMO PREPARAR SUA COZINHA PARA QUALQUER EMERGÊNCIA

O coronavírus não é a única ameaça que pode interferir na sua capacidade para sair e comprar comida. É útil saber como se preparar para qualquer tipo de emergência, incluindo uma forte tempestade, falha no fornecimento de alimentos, apagão ou inundação. Não espere até que uma emergência aconteça para se preparar para isso – você pode não ter a chance. Aqui estão as etapas para preparar sua cozinha para emergências:

Jogue fora antes que faça mal a alguém. Eles se escondem em quase todo armário de cozinha: aqueles alimentos vencidos há muito tempo que nunca serão comidos por ninguém em sua casa. Abra espaço para itens essenciais, jogando-os fora. Jogar fora alimentos vencidos também reduz o risco de comer algo que pode deixá-lo doente.

Pense em refeições, não em lanches. Quando o *lockdown* foi feito no início da pandemia, vendas de batatas fritas, pretzels, biscoitos e outros salgadinhos dispararam. Embora seja bom tê-los por perto em caso de emergência, você não pode comer batatas fritas com molho no jantar por duas semanas. Antes de fazer compras, reserve um tempo para planejar refeições reais que você pode fazer se precisar permanecer em casa. Tenha em mente que você pode não ter energia, então inclua alguns itens enlatados e/ou embalados que não precisam ser cozidos.

Compre o que você gosta, não o que você vê nos filmes. Um grande erro que muitas pessoas cometem é acumular alimentos que pensam precisar em uma emergência, não aqueles que elas têm maior probabilidade de comer. Se você estocar presunto em lata, por exemplo, porque pensa que é o que as pessoas deveriam comer em caso de emergência mas não suporta o sabor, permanecer em casa por duas semanas vai ser mais estressante do que já é. Quando o CDC avisou que os americanos deveriam se preparar para ficar em casa por duas semanas, estoquei sardinhas e biscoitos Wasa – dois alimentos que adoro e que posso facilmente transformar em um sanduíche de sardinha para o jantar todas as noites. Mas, se eu tivesse que comer feijão em lata por duas semanas, ficaria infeliz e muito mais ansiosa do que já ficaria se estivéssemos em *lockdown*.

Não transforme uma emergência em uma crise de saúde pessoal. Estocar alimentos de que você gosta não lhe dá carta branca para comprar apenas pizza congelada, coxinha e refrigerante. Tudo bem ter alguns alimentos que tragam conforto, mas uma emergência, especialmente por um surto viral, não é o momento de fazer roleta-russa com sua saúde. Cuide para que seu planejamento alimentar inclua alimentos ricos em proteínas – pense em atum enlatado ou frango, salmão defumado, feijão, tofu ou cortes congelados de carne – e também legumes (enlatados ou congelados) e fontes de gordura saudável, como azeite, nozes, coco ralado e queijos, como o parmesão.

Lembre-se dos líquidos. Se você não bebe água da torneira, compre água engarrafada suficiente para durar duas semanas. E todo mundo deve se lembrar de incluir bebidas que possam querer ou precisar, como leite em pó, suco e/ou mistura para bebidas em pó.

Reserve uma área de emergência para alimentos. Se você tiver espaço suficiente em sua casa, separe um armário de cozinha ou parte de um armário como sua área de emergência de alimentos. Desta forma, ninguém em sua casa, incluindo você, vai pegar coisas em sua reserva de emergência simplesmente porque estão lá. Seu armário de emergência também é um bom lugar para guardar medicamentos extras e seu kit de primeiros socorros (ver página 89 para saber por que você precisa de ambos).

Não faça compras motivadas pelo pânico. Compras motivadas pelo pânico se tornaram um problema em muitas áreas dos Estados Unidos nos primeiros meses da pandemia, aumentando as interrupções na cadeia de abastecimento alimentar e prejudicando muitos que, de repente, não conseguiam encontrar os itens básicos. A compra motivada pelo pânico também pode prejudicar você: acumular suprimentos aumenta os níveis de ansiedade e pode levar a comportamentos mais compulsivos.

E não coma descontroladamente. O fato de você ter comida não significa que você tem que comer. Infelizmente, porém, fazer compras motivadas pelo pânico também faz com que comamos descontroladamente. Por essas razões, não estoque demais e tente designar um espaço para comida de emergência – se tiver espaço. Lembre-se de que alimentos congelados e enlatados podem durar meses ou até anos.

Tudo sobre nosso novo normal é diferente, incluindo como nós comemos. Alguns de nossos novos hábitos nutricionais, como cozinhar mais em casa, são ótimos para nossa saúde geral e nosso bem-estar, mas outros, como comer por estresse e comer demais, podem ser maléficos. Talvez você não tenha percebido como seus padrões de alimentação mudaram como resultado da pandemia, mas dedicar tempo para se autoavaliar e reconhecer os novos hábitos que você adotou pode ajudá-lo a manter os saudáveis e acabar com aqueles que podem ser ruins para sua saúde e sua cintura.

Da mesma forma, também é importante reconhecer que a maneira como comemos no novo normal *deve* mudar. Alguns de nós podemos precisar consumir menos para compensar as taxas de atividade mais baixas e/ou ganho de peso recente, enquanto todos podem priorizar os alimentos com baixo teor de açúcar que ajudam a proteger nosso corpo em tempos de pandemia. Lembre-se: a comida é remédio, e a cada mordida você tem a oportunidade de ajudar a nutrir, proteger e tratar seu corpo.

CAPÍTULO 5

Exercício

Se você está lutando para se adaptar ao novo normal, saiba que todo mundo está sofrendo – cada um de nós. Alguns podem ser mais confiantes em áreas do novo normal, mas ninguém se adaptou em todos os aspectos. Ninguém tem todas as respostas, e eu me incluo nisso. Embora eu possa ter sido capaz de vencer minha ansiedade e parar de comer por estresse, ainda não descobri como desfrutar de exercícios na era da pandemia.

Isso não é um desenvolvimento insignificante por duas razões. Em primeiro lugar, embora o condicionamento físico sempre tenha sido vital para uma boa saúde, tornou-se crítico agora que enfrentamos duas pandemias – uma física e outra mental –, nas quais o exercício pode desempenhar um papel fundamental para ajudar a evitar e tratar resultados adversos de ambas. Já que não sou tão disposta a malhar na era da pandemia, meu condicionamento físico caiu, o que fez com que minha saúde física e mental piorasse de várias maneiras (por exemplo, meu LDL aumentou onze pontos no ano passado, o que atribuo apenas à redução de exercícios, e não estou tão alegre como eu costumava ser). Isso não é exatamente ideal quando há um surto viral ocorrendo e outra pandemia que pode ou não chegar em breve. Precisamos ser mais fortes agora do que jamais fomos.

Em segundo lugar, o fato de que agora estou lutando para gostar de fazer exercício é como dizer que o Come-Come, personagem da Vila Sésamo, não gosta mais de biscoitos de chocolate. O exercício é parte integrante da minha identidade; faz parte do meu DNA. Eu pratico esportes ou faço exercícios físicos de uma forma ou de outra desde que eu tinha 7 anos. Por cerca de três décadas, até a pandemia chegar, eu ia à academia até seis dias por semana, fazia exercícios aeróbicos, levantava pesos ou as duas coisas combinadas.

Embora possa parecer loucura para quem não gosta de exercícios – e sem julgamento, porque eu consigo entender que os exercícios não são adorados por todos –, eu amo a maneira como malhar faz com que eu me sinta, física, mental e emocionalmente. Um bom treino me deixa em forma, forte, confiante, saudável e me sentindo poderosa, como se pudesse fazer o que quiser com meu corpo. Malhar é minha salvação mental, o que faço para me manter otimista, cheia de energia, focada, lúcida e feliz. Dia ruim? Eu vou à academia para superá-lo. Longo dia? Eu subo na bicicleta para me revigorar. Ótimo dia? Eu levanto pesos ou faço uma aula de ginástica corporal para comemorar e refletir.

Em outras palavras, para mim, malhar na academia é o que viajar, assistir futebol, praticar esportes e uma série de outros *hobbies*, muitos também transformados pela pandemia, representam para outras pessoas. Agora que ir à academia ou fazer uma aula de condicionamento não é nada como costumava ser, sinto-me perdida, se não um pouco deprimida.

Apesar desses sentimentos, trabalhei muito para tentar encontrar alguma alegria fora da academia. Passei a fazer cem flexões por dia e exercícios de prancha por muitos minutos depois de redescobrir os benefícios de ambos no livro *The Self-Care Solution*, que escrevi antes da pandemia. Também tenho tentado fazer outros tipos de exercício em casa, embora meu apartamento seja pequeno a ponto de, ao esticar um tapete de ioga, apenas metade dele caber sobre o tapete da sala. Quando eu passava o dia todo sentada para estar na TV, comecei a enrolar faixas de resistência em volta dos meus joelhos e fazer exercícios abdutores de quadril na cadeira.

O que me salvou, porém, foi redescobrir a alegria de correr fora de casa. Normalmente, eu não corro em qualquer lugar que não seja uma esteira porque tenho propensão à tendinite de Aquiles, e superfícies irregulares, por menos irregulares que sejam, agravam a lesão. Mas tempos desesperados exigem medidas desesperadas, e até agora, embora não seja um substituto para a academia, eu aprendi a me sentir bem correndo. Eu não estou nem perto de onde quero estar com exercícios, mas estou me saindo muito melhor do que estava no início de tudo isso. Em tempos de pandemia, isso conta como uma vitória, então aceito.

Hoje eu reconheci que sofri uma perda em termos de exercício físico: a perda de uma paixão que ajudava a me definir. Essa perda obviamente não é, nem de longe, tão arrasadora quanto a perda de um ente querido, um emprego ou a saúde de alguém, mas ainda assim é uma perda e me afetou muito. Se você também perdeu uma paixão na pandemia, é importante reconhecer isso para que possa passar pelo luto e seguir em frente.

Mas este capítulo não fala sobre passar pelo luto pelo que perdemos em nosso novo normal – você pode aprender mais sobre isso na página 58 do capítulo 2. Em vez disso, este capítulo fala sobre como e por que se esforçar para tornar o exercício parte do seu novo normal neste momento, quando você ainda está estabelecendo as bases do que deseja ter em seu novo normal. Tem a ver com encontrar tempo, espaço e motivação para fazer exercícios quando a logística e a inspiração para se exercitar podem estar em falta.

Todo mundo tem uma história diferente quando se trata de exercícios agora. Alguns começaram a malhar pela primeira vez em anos porque finalmente encontraram tempo ou flexibilidade para trabalhar em casa ou depois de perder seu emprego. Outros, por outro lado – e dados mostram que essa é a realidade da maioria dos americanos –, tornaram-se menos ativos ou permaneceram sedentários como resultado da pandemia.

Hoje, muitos também não querem usar uma academia ou estar perto de outras pessoas que estejam respirando vigorosamente, seja em ambiente fechado ou aberto. Outros nem mesmo têm uma academia para frequentar depois de muitas terem fechado permanentemente durante o *lockdown*. Algumas pessoas perderam o condicionamento físico e não conseguem encontrar energia para recuperá-lo. E, claro, também existem aquelas que simplesmente se sentem oprimidas pela incerteza em nosso novo normal até mesmo para pensar em começar a praticar exercícios, embora a atividade física possa ser o melhor remédio para o medo do desconhecido.

Não importa sua história, existem motivos e maneiras de tornar o exercício parte de sua nova narrativa. Estamos todos enfrentando um novo normal, e como reestruturamos esse novo normal depende de nós. Se o exercício era parte integrante da sua vida antes da pandemia ou se agora você está procurando maneiras de melhorar sua situação, este momento apresenta uma oportunidade para que o exercício ajude seu bem-estar. Se puder construir uma nova realidade que inclua exercícios, você será mais saudável, mais feliz e mais resistente a tudo o que acontecer agora e a partir de agora no mundo.

Neste capítulo, vou compartilhar como o exercício de qualquer tipo pode se tornar sua arma secreta contra infecções, estresse e solidão. Sua condição física e seu condicionamento físico podem melhorar, até mesmo quando outras coisas parecerem estar piorando. E em um ambiente no qual muitas vezes parece que nossa liberdade foi restringida, a atividade física se mantém diante disso, refletindo com clareza que você ainda tem a capacidade de se mover e ser ativo sempre que desejar, mesmo que seja dentro ou perto de sua casa.

O QUE SABEMOS SOBRE O EXERCÍCIO EM NOSSO NOVO NORMAL

Embora existam muitas histórias de pessoas redescobrindo os exercícios na era da pandemia, o surto de coronavírus fez com que a maioria dos americanos se tornasse menos ativa fisicamente. Isso é um problema, dado que apenas 23 por cento dos adultos, antes da pandemia, seguiam as diretrizes federais sobre a quantidade mínima de exercícios: 150 minutos de atividade aeróbica moderada por semana (ou 30 minutos de cardio, cinco dias por semana) ou 75 minutos de atividade vigorosa, junto com algum tipo de atividade de fortalecimento muscular duas vezes por semana.

Novas pesquisas e estudos são publicados com frequência, mas os relatórios em grande parte mostram que quem se exercitava antes da pandemia não se exercita com tanta frequência ou parou completamente. Uma pesquisa, por exemplo, notou uma queda de 32 por cento na atividade física desde que o surto começou entre aqueles que se exercitam.[1] A contagem de passos também caiu, com dados de rastreadores de *fitness* mostrando uma queda de 50 por cento na quantidade de passos diários, já que muitos pararam de andar em escritórios, estacionamentos, lojas ou simplesmente fora de casa.[2]

O problema com a queda nacional em atividade é que menos exercício agora se tornou parte de nosso novo normal.[3] De acordo com uma pesquisa da LIFEAID Beverage, um em cada quatro americanos que se exercitavam pelo menos duas vezes por semana antes da pandemia não voltará para a academia.[4] Um em cada três diz que irá com menos frequência do que ia antes.

Alguns abandonaram totalmente a academia porque agora estão usando equipamentos de ginástica que compraram depois que as academias fecharam no início do surto. Outros descobriram alternativas, como correr ao ar livre ou fazer aulas *on-line* em casa porque são menos caras e mais convenientes ou trazem menos preocupações de segurança do que uma academia. Na verdade, 56 por cento dos americanos dizem que encontraram maneiras "mais acessíveis" de malhar sem academia desde o início da pandemia, de acordo com uma pesquisa da TD Ameritrade.[5]

Mas nem todo mundo que desistiu de academias e aulas encontrou outra maneira de malhar. Muitos simplesmente pararam de se exercitar.

Claro, existem muitas pessoas que não querem ir a uma academia ou já não iam antes do início da pandemia. Muitos praticantes regulares de exercícios que malhavam fora de casa ou praticavam esportes antes do surto conseguiram manter esses hábitos, com modificações. Mas, na maior parte, os dados mostram que muitos que faziam exercícios regularmente em tempos pré-coronavírus agora estão se exercitando menos – ou não estão mais se exercitando.

As razões pelas quais muitos de nós perdemos a vontade de fazer exercícios são diversas. Alguns usuários de academia não se sentem seguros para voltar às aulas onde as pessoas estão suando e ofegando; outros dizem que é um desafio ou até mesmo impossível usar uma máscara durante o exercício físico em local fechado.[6] Preocupações com segurança também desestimularam aqueles que gostavam de praticar esportes coletivos ou exercícios ao ar livre onde há outras pessoas. Além do mais, muitas academias fecharam definitivamente em decorrência da pandemia, deixando alguns sem a opção de malhar em ambiente fechado, mesmo se quisessem, por exemplo, quando o mau tempo impede exercícios ao ar livre.

Mas a incapacidade primordial dos Estados Unidos de voltar ao ritmo de exercícios em nosso novo normal vai além da logística. Depois do *lockdown* que nos deixou em casa, menos ou nenhum exercício se tornaram uma nova rotina para muitos – e essa nova rotina agora se tornou nossa nova regra. Reiniciar uma velha rotina depois de estabelecer uma nova pode ser psicologicamente desafiador, principalmente se for uma rotina, como exercícios, que requer energia física e mental em quaisquer circunstâncias.

Também pode haver um obstáculo físico para retomar sua rotina de exercícios em nosso novo normal. Se você parou de treinar por qualquer período durante a pandemia, como milhões de americanos que foram forçados a fazer quarentena em casa, você provavelmente perdeu a forma física, o que torna a volta aos trilhos muito mais difícil.

Muitos de nós também precisamos de inspiração para nos exercitar, o que se tornou particularmente difícil de encontrar em nosso novo normal. Não é mais tão fácil socializar seu treino e treinar com um amigo, encontrar um *personal trainer*, ter uma aula de ginástica na mesma sala que outras pessoas ou praticar um esporte de equipe. Se você está fazendo ginástica em casa, realmente não é fácil passar pela transição de viver, trabalhar, dormir e comer em casa para a de se exercitar em casa. Algumas pessoas também perderam a motivação de se exercitar, agora que há menos casamentos, reuniões, férias com trajes de banho e outros incentivos para ficar em forma. Para os guerreiros de fim de semana, também há menos corridas, jogos e eventos de atletismo para os quais treinar.

Pessoalmente, não gosto de me exercitar sozinha. Malhar com meus dois filhos atléticos, com instrutores, treinadores, amigos ou mesmo ao lado de estranhos na academia me motiva e me mantém firme na rotina. Outro obstáculo mental para mim que sei que muitos compartilham: eu associo os exercícios com a academia, e, quando não posso estar dentro de um ambiente estruturado que inclua aparelhos de cárdio e pesos, eu me sinto menos motivada porque acredito que não estou tendo os mesmos ganhos de condicionamento físico, por mais errônea que essa crença possa ser.

Para aqueles que não se exercitavam antes do início da pandemia, nosso novo normal não tem sido muito motivador para que a maioria adote o hábito. Ainda assim, existem histórias inspiradoras de pessoas que começaram a se exercitar porque perderam o emprego ou começaram a trabalhar em casa e, de repente, encontraram tempo ou flexibilidade para fazer do exercício uma prioridade. Outros começaram a se exercitar porque é uma coisa que podem fazer depois que a pandemia restringiu a capacidade de viajar, socializar, comer fora e fazer outras atividades de lazer.

Qualquer que seja o grupo que combine com você, há uma coisa que todos nós temos em comum: a pandemia mudou como, onde, quando e talvez até por que fazemos exercícios. E essas mudanças provavelmente vieram para ficar.

POR QUE O EXERCÍCIO É ESSENCIAL EM NOSSO NOVO NORMAL

Médicos, pesquisadores e especialistas em saúde pública têm dito isso há anos, mas a pandemia de coronavírus mostra por que todos nós precisamos nos exercitar: ninguém sabe quando algo como o coronavírus vai ameaçar nosso bem-estar, então nos tornarmos o mais saudáveis possível é muito mais importante.

Outra maneira de pensar sobre isso: se você é inflexível sobre o uso de máscara e o distanciamento social – como deveria ser, uma vez que essas são duas das maneiras mais importantes de reduzir o risco de infecção –, você também deve ser inflexível em relação à redução do risco de doenças graves devido à infecção. E a atividade física, junto com boa nutrição e higiene do sono adequada, é uma das melhores maneiras de conseguir isso. Embora malhar não seja garantia de que você não terá complicações causadas pelo coronavírus ou qualquer outra doença – noticiamos sobre maratonistas que foram para a UTI com o vírus –, a atividade física regular pode melhorar muito suas chances de permanecer saudável e lutando contra qualquer doença, seja a Covid-19 ou qualquer outra.

Além do mais, o exercício consistente demonstrou ajudar a prevenir ou tratar sobrepeso e obesidade, diabetes tipo 2, pressão alta e outras comorbidades que aumentam o risco de complicações graves da Covid-19. Pessoas que se exercitam também podem ter um risco menor de desenvolver síndrome respiratória aguda com Covid-19, uma das principais causas de morte pela doença.[7]

Embora os dados sejam insuficientes para mostrar se comer certos alimentos pode de fato aumentar a imunidade (veja a página 86 para saber mais), há muitas evidências que mostram que a atividade física reforça a função imunológica.[8] Quanto mais forte for seu sistema imunológico, menos provável será que você contraia certas infecções e doenças. Ou, se você ficar doente e estiver entre aqueles que se exercitam, tem mais chance de lutar contra infecções ou doenças em muitas circunstâncias.

Nossa necessidade nacional de sermos ativos em nosso novo normal não é apenas física, é claro. O exercício também é uma necessidade mental agora, enquanto milhões enfrentam ansiedade, depressão, solidão, tédio, desesperança, falta de objetivo ou incerteza das consequências permanentes da pandemia. Se você acha que não sofre de nenhum abalo emocional como resultado da pandemia, encorajo você a reconsiderar: quase todos nós estamos lidando com algum grau de incerteza agora, e, quer você perceba ou não, essa incerteza pode cobrar seu preço na sua saúde mental e emocional se você não tiver uma válvula de escape saudável, como exercícios, para ajudar a superar este novo cenário.

Como o exercício pode nos ajudar a aliviar a incerteza e outras emoções desencadeadas pela pandemia? De muitas maneiras. Você provavelmente já sabe sobre o barato do corredor que acontece imediatamente após uma boa sessão de corrida, mas o impacto do exercício sobre o humor dura mais do que essa euforia efêmera. Na verdade, a atividade física regular também pode funcionar como antidepressivo prescrito em alguns casos para ajudar a melhorar a depressão,[9] enquanto se exercitar por apenas cinco minutos pode começar a diminuir os níveis de ansiedade.[10] Um estudo recente com animais também descobriu que o exercício pode ajudar as pessoas a se recuperar mais facilmente de situações estressantes, aumentando nossa resiliência geral ao estresse.[11] Malhar também melhora significativamente a qualidade e a quantidade do sono (veja mais sobre por que você precisa de ambos no capítulo 6) e pode ajudar a prevenir e tratar a insônia. Talvez mais impressionante seja que o exercício pode ajudar a curar traumas mentais agudos ou transtorno de estresse pós-traumático (PTSD), estimulando o sistema nervoso para literalmente superar a imobilização emocional.[12]

Pessoalmente, o exercício tem sido fundamental para me ajudar a controlar minhas emoções em nosso novo normal. Sempre que eu sinto que nosso mundo está ruindo ou que as coisas parecem incertas, o fato de eu ainda poder sair e fazer algo proativo para assumir o controle do meu corpo e da minha saúde é imensamente fortalecedor. O movimento rítmico de malhar, quer eu esteja correndo, caminhando ou levantando pesos, também é reconfortante, me forçando a continuar no momento em que coloco um pé (ou braço) na frente do outro. Também sinto uma sensação de realização após cada treino, o que tem se tornado cada vez mais importante em nosso novo normal, quando parece que não temos nenhum controle sobre tudo o que acontece.

COMO FAZER EXERCÍCIO EM NOSSO NOVO NORMAL

Existem dois obstáculos para se exercitar em nosso novo normal. O primeiro é a logística: onde e como fazer um bom treino, especialmente se a academia não for uma opção por razões de segurança, financeiras ou práticas (ou todas as três).

O segundo obstáculo é como se motivar para seguir em frente – porque se motivar para o exercício tem sido tão árduo para mim como para muitos outros em nosso novo normal. Na verdade, acho que a inspiração para se mover pode ser tão importante quanto onde, como, quando ou por quanto tempo você se exercita. É por isso que dediquei uma seção inteira sobre como se motivar a suar quando tiver energia, já que fazer qualquer coisa na era da pandemia pode ser bem difícil.

Eu entendo que fazer exercício não é fácil, o que já era verdade a.C. (antes do coronavírus), quando muitos enfrentavam menos estresse e havia menos obstáculos em sair para uma corrida ou para ir à academia. Eu tenho muita empatia por quem tem lutado para encontrar a motivação para malhar, não importa pelo que nosso mundo esteja passando. Se você tentou se exercitar muitas vezes na vida mas não conseguiu criar um hábito, tudo bem. Você certamente não está sozinho. Eu quero encorajá-lo a continuar tentando, mesmo se parecer que falhou no início. Cada passo que você dá em direção ao exercício é literalmente um sucesso, e os pequenos esforços podem somar com o tempo e até mesmo produzir resultados surpreendentes. Às vezes, ficar viciado em exercícios é apenas uma questão de experimentar tempos diferentes, maneiras, lugares e pessoas para encontrar o que pode sustentá-lo.

Falaremos mais sobre motivação em breve, mas primeiro vamos abordar a logística de como trabalhar em nosso novo normal para que você saiba o que, quando e onde se exercitar.

Superando o obstáculo nº 1: Como e onde se exercitar

Na ABC News, contamos uma história incrível de um jovem de Ohio que construiu uma academia doméstica inteiramente de madeira no quintal da casa dos pais depois que a academia de sua região fechou devido ao coronavírus.[13] Você devia ter visto aquela maravilha. A "academia de troncos" de Zachary Skidmore não eram galhos estrategicamente amarrados a árvores. O ex-membro do Exército dos Estados Unidos passou duas semanas construindo sete estações no total, incluindo um banco de supino funcional, um banco de desenvolvimento, uma máquina *cablefly* e até mesmo uma esteira de toras de madeira.

A história de Skidmore é incrível e inspiradora, evidenciada pelo fato de seu vídeo no Facebook mostrando sua academia ter se tornado viral. Mas a maioria de nós não tem tempo, habilidades, espaço, ferramentas, dinheiro, motivação, tampouco recursos básicos para construir em casa uma academia de qualquer coisa que seja, nem mesmo com equipamentos comprados em loja – e tudo bem. Você não precisa criar uma academia doméstica ou tornar-se um corredor ou um ciclista para se exercitar em nosso novo normal. Aqui estão algumas ideias:

» **Não tente seguir os vídeos – experimente *de fato* seguir os vídeos.** Muitas pessoas têm uma visão errada sobre vídeos de treino e pensam que a única coisa no YouTube são exercícios de aeróbica da época de Richard Simmons, como os dos anos 1980. Não é verdade. Muitas e muitas pessoas criaram formas superinovadoras de malhar em casa, quer você queira fazer cárdio, treinamento de força, treinos intervalados de alta intensidade, core, Pilates, treinamento de barra, *spinning*, ioga ou alguma combinação de todos. Melhor ainda, a maioria dos vídeos no YouTube é gratuita e não requer nenhum equipamento. O segredo do sucesso é a experimentação. Encontrar o vídeo de exercício certo pode ser como encontrar a casa ou o apartamento perfeito: você provavelmente vai ter que olhar muitos antes de descobrir do que gosta. Para uma experiência de aula de ginástica ao vivo, tente assistir ao vivo um vídeo de treino no Instagram – muitos treinadores e atletas agora oferecem aulas ao vivo no Instagram que você pode assistir em tempo real gratuitamente ou mediante uma doação.

» **Pense fora da caixa – ou na academia.** Muito antes de as academias e as aulas serem comuns em todos os quarteirões da cidade, as pessoas conquistavam ótima forma praticando esportes – pense em tênis, golfe, futebol, basquete, *softball*, passeios a cavalo, patinação no gelo, esqui, pesca e artes marciais. Você não precisa entrar em um time ou encontrar um amigo para praticar algum deles: bata bolas contra a parede, arremesse aros em uma quadra da região, aprenda caratê sozinho ou compre um par de patins e busque um parque para praticar.

» **Descubra o segredo do passo a passo.** Por um mês inteiro para o meu último livro, *The Self-Care Solution*, acompanhei e tentei rigorosamente aumentar o número de passos que dava todos os dias. O que eu aprendi no processo é que caminhar pode ser um ótimo treino, mesmo quando você faz isso em intervalos esporádicos ao longo do dia. Eu sugiro que use um monitor de *fitness* ou um *smartphone* para registrar os passos a fim de que você possa permanecer firme e constante. E não se esqueça dos passos em casa, o que ganhou popularidade como uma técnica extremamente fácil para dar passos quando o tempo está ruim ou você simplesmente não pode sair de casa por um motivo ou outro. Para fazer isso, pegue um cronômetro ou use seu telefone com o objetivo de registrar um certo número de passos e dar voltas pela sua casa ou seu apartamento (bônus adicional se você pode subir lances de escada entre as voltas).

» **Pegue a mania de ter equipamentos domésticos.** Você não tem que construir uma academia caseira com madeira – nem mesmo uma academia doméstica. Mas algumas compras de equipamentos estratégicos podem fazer a diferença para você determinar se permanecerá sedentário na era da pandemia ou se adotará um hábito. Bicicletas caseiras, por exemplo, costumam ser mais baratas do que outros equipamentos cardiovasculares e têm rodinhas para você poder pedalar sua bicicleta na frente da TV ou de uma janela, ou lá fora, em uma superfície plana. Halteres, bola suíça, *kettlebells*, elásticos de resistência, rodas ou fitas para treinamento de suspensão como o sistema TRX são todos relativamente baratos e podem melhorar sua capacidade de malhar em casa em uma única compra – é por isso que muitos desses itens esgotaram *on-line* e nas lojas desde o início da pandemia. Não se esqueça de verificar os classificados *on-line* para ver as ofertas: houve um grande aumento no número de proprietários de academias vendendo equipamentos para exercícios domésticos de seus estabelecimentos que foram fechados.

» **Seja multitarefa – literalmente.** Por que fazer uma tarefa chata por si só quando você pode fazer uma tarefa chata e se exercitar? Por exemplo, eu agora corto a grama na casa da fazenda de nossa família com um cortador de grama manual, apesar de termos um cortador de grama elétrico, porque empurrar um trator pesado ao redor do quintal por uma hora é um treino de peso muito bom. Na cidade, faço questão de comprar mantimentos em uma loja a vários quarteirões da minha casa, então tenho que carregar as sacolas em um trajeto mais comprido. Ou seja, tarefas contínuas podem ser exercícios se você as encarar como treinos. Para qualquer tarefa doméstica que tenha que fazer, seja para comprar mantimentos, cuidar do jardim, lavar pisos, pintar paredes, remover neve ou dar uma boa esfregada em seu banheiro, há uma maneira de transformá-la em exercício se você tentar fazê-la intencionalmente com energia e vigor.

Não se esqueça de ser multitarefa durante o trabalho. Tente meu truque de usar elásticos de resistência enquanto estiver sentado em uma mesa ou falar ao telefone enquanto anda pela casa. Também gosto de colocar meu *laptop* em um balcão da cozinha para que eu fique em pé com mais frequência em vez de ficar sentada o dia todo.

» **Pense em um tipo diferente de *personal trainer*.** Os *personal trainers* não desapareceram no ar quando a pandemia começou. Muitos agora treinam clientes em parques ou áreas verdes nas cidades. Outros treinam virtualmente, o que é uma tendência anterior ao surto – e muitas pessoas, incluindo muitos atletas sérios, descobriram que dá para ser tão eficaz quanto o treinamento presencial.[14] O modo como o treinamento remoto funciona pode variar de instrutor para instrutor e depende se você quer um treinador para ajudá-lo a começar a correr ou guiá-lo a puxar peso. Comparado ao treinamento presencial, o *coaching* remoto pode ser menos caro e mais abrangente e incluir um grupo de pessoas. Muitos treinadores remotos também estão dispostos a responder perguntas por e-mail ou telefone fora das sessões agendadas.

Superando o obstáculo nº 2: Como motivar-se para fazer exercícios

Motivar-se para praticar exercícios sempre foi difícil. Mas sair de casa ultimamente parece ser mais difícil do que nunca enquanto lidamos com questões de segurança, menos opções de treino e incentivos e uma incerteza crescente. Como uma entusiasta de exercícios ao longo da vida, descobri que é particularmente desafiador ser inspirada a trabalhar no nosso novo normal. Aqui está o que eu disse a mim mesma para tornar o exercício não apenas possível, mas também mais agradável na era da pandemia:

» **Trate seu treino como um banho**. Você não pararia de tomar banho por vontade própria por alguns dias, certo? Com os exercícios é igual – precisamos fazer exercícios quase diariamente para dar o nosso melhor, física, mental e emocionalmente. Para muitos, exercitar-se no novo normal não é tão divertido ou excitante se não podemos estar em uma academia, praticar um esporte em equipe ou fazer uma aula de ginástica em grupo. Mas, assim como nem todo banho pode ser longo e luxuoso, nem todo treino será incrível nem agradável. Se não fizéssemos nada além de coisas agradáveis e fáceis, ou que só nos fizessem nos sentir bem, não chegaríamos muito longe na vida.

» **Faça porque você pode.** Muitas pessoas não podem se exercitar agora porque estão doentes, incapacitadas ou se recuperando de uma doença debilitante ou um acidente. Se você pode mover seu corpo de alguma forma, seja grato por isso, especialmente quando tantos estão sofrendo. Se o exercício é algo que você pode realizar nestes tempos incertos, não desperdice a oportunidade: assuma o controle de sua saúde.

» **Seja técnico.** Você não tem que treinar com outras pessoas para se sentir desafiado. Aplicativos de *fitness* social como OnePeloton, Strava, Nike Run Club, MapMyWalk e PumpUp oferecem comunidades de *fitness on-line* que fornecem camaradagem, dicas de treinamento e inspiração enquanto permitem que você acompanhe seus treinos e compare seu progresso com os outros.

Se os aplicativos sociais não são sua praia, você também pode aproveitar a tecnologia usando *smartphone*, *smartwatch*, rastreador de *fitness* ou dispositivo GPS para registrar suas métricas de treinamento, como distância, tempo e frequência cardíaca. Use esses números para se desafiar durante uma sessão de exercícios ou para criar exercícios direcionados em torno de ritmo, frequência cardíaca ou outras estatísticas de exercícios.

» **Publique, role, repita.** Uma razão pela qual gosto de postar fotos dos meus treinos no Instagram é porque recebo muito apoio e incentivo de amigos e seguidores. Eu proponho também que verifiquem meu feed do Instagram para ter inspiração para exercícios. A âncora da GMA3 e amiga Amy Robach é o exemplo perfeito. Ela sempre posta fotos de suas corridas ou estatísticas de treino, e elas me inspiram a sair pela porta sempre que eu não tenho vontade.

» **Escreva na parede.** Eu usei esse truque o tempo todo no *The Self-Care Solution*: escrever seus objetivos em uma parede antiga ou num calendário de mesa, onde possa vê-los diariamente, garante o sucesso. Se não quiser escrever o que ainda vai fazer, escreva o que já fez. Manter um registro visual de meus treinos anteriores sempre me inspira a continuar a trajetória.

Apenas uma observação: deixe impresso, não digital. Apesar de amarmos nossos telefones, o ato físico de escrever o que você fez ou fará é satisfatório e pode ajudá-lo a ter sucesso. Você também pode ver seus objetivos escritos ou registros de exercícios regularmente em vez de ter que pensar em abrir um aplicativo no telefone.

» **Faça isso e você não precisará de inspiração.** O corredor olímpico Jim Ryun disse uma vez: "A motivação o ajudará a começar. O hábito o manterá em movimento". Em outras palavras, como malhar faz parte do seu novo normal, você não precisará de tanta motivação para continuar malhando. Mas como você transforma os exercícios em um hábito? Integre-os em sua rotina diária. Encontre um horário em sua programação quando os exercícios farão mais sentido com o trabalho, a família e/ou seus níveis naturais de energia (ou seja, alguns de nós somos matutinos; outros são mais ansiosos para ser ativos à noite). Não importa quando você decidir se exercitar, trate seu treino como algo sagrado: não agende mais nada nem se deixe distrair por convites ou eventos de última hora. Quando isso se tornar parte da sua rotina diária, você o fará sem nem pensar – essa é uma das razões pelas quais os estudos mostram que pessoas que se exercitam na mesma hora todos os dias são mais comprometidas com o exercício do que aquelas que não fazem isso.

MANTENHA-SE SEGURO AO FAZER EXERCÍCIOS AO AR LIVRE

Quando se trata de risco de coronavírus – ou risco de gripe, sarampo e alguns outros vírus contagiosos –, sabemos que as atividades ao ar livre são mais seguras do que as feitas em locais fechados. Então você corre bem menos risco de pegar Covid-19 durante o exercício ao ar livre do que ao se exercitar dentro de uma academia lotada ou se fizer uma sessão de ginástica em grupo num local fechado.

Dito isso, há precauções a serem consideradas ao se exercitar fora de casa. Para começar, você precisa usar uma máscara, a menos que esteja se exercitando em uma trilha remota, estrada rural isolada, praia vazia ou outro local onde não encontrará outras pessoas. Compreendo que se exercitar usando uma máscara pode ser desconfortável – eu uso máscara sempre que corro –, mas infectar-se a si mesmo ou a outra pessoa com Covid-19 é muito mais desagradável.

Muitas pessoas acreditam erroneamente que não precisam usar máscara quando fazem exercício porque estão se movendo e passando pelas pessoas rapidamente. Mas é ainda mais necessário que todos nós usemos máscaras enquanto nos exercitamos. Quando treinamos, respiramos com mais vigor e, quando respiramos mais vigorosamente, expelimos mais gotículas no ar. Infelizmente, sabemos que o vírus pode viajar e permanecer no ar nessas gotículas. Isso significa que você precisa usar uma máscara não apenas para conter suas próprias gotículas, mas também para evitar que as gotículas de outras pessoas cheguem até você, mesmo se não houver ninguém ao seu lado.

Uma boa maneira de pensar nisso é imaginando a fumaça do cigarro. Você sabe que pode estar a uma distância considerável de um fumante, mas ainda assim sentir o cheiro da fumaça do cigarro dele, certo? Ou entrar em um local onde alguém estava fumando vários minutos antes e notar imediatamente. O mesmo acontece com o vírus, de acordo com a ciência mais recentes a respeito dos aerossóis. E, embora não signifique necessariamente que essas partículas virais esparsas podem nos adoecer simplesmente por sermos expostos a elas, isso significa que você pode facilmente correr, caminhar, andar de bicicleta ou caminhar e ser atingido pelas gotículas de outra pessoa ou vice-versa, mesmo quando você pensa que não está exposto – o que torna o uso de máscara essencial.

Se você usa uma máscara, tem que manter (pelo menos) dois metros de distância enquanto se exercita também? Infelizmente sim. Eu fiz a mesma pergunta ao dr. Anthony Fauci, o principal especialista em doenças infecciosas do país, que me disse que não é um ou outro – são os dois.

Mais um mito para dissipar: você não precisa se preocupar se alguém suar acidentalmente em você. Não há nenhuma evidência, neste momento, de que a Covid-19 seja transmitida através do suor – ou sangue, lágrimas, sêmen, urina ou fezes. (Observação: Embora o vírus tenha sido detectado na urina e em fezes de pacientes infectados, detecção não significa necessariamente que haja risco de infecção.)

Tudo isso não é para fazer com que você desista de se exercitar ao ar livre. Na verdade, os riscos associados à falta de exercício sobre os quais você leu no início deste capítulo superam os riscos de possível exposição ao coronavírus para a maioria das pessoas.

Não importa qual seja seu novo normal quando se trata de exercícios, quer você treine mais, menos ou nada nestes tempos de pandemia, priorizar o condicionamento físico agora é mais importante do que nunca. Você não tem que ir a uma academia, aula de spinning ou estúdio de ioga para entrar em forma. Existem inúmeras maneiras de se exercitar em casa que podem ser tão eficazes e agradáveis. Se você não gosta do que está fazendo, experimente descobrir o que pode deixá-lo animado para entrar em forma. Enquanto alguns de nós (estou me olhando no espelho) temos que cavar fundo para encontrar mais fontes de motivação para malhar, tentar fazer do exercício parte do seu novo normal acabará por transformar o hábito naquilo que deve ser para todos nós: parte do normal, não importa se velho ou novo.

CAPÍTULO 6

Sono

O sono tem um grande problema de publicidade nos Estados Unidos. A maioria dos americanos acredita que dormir é um luxo, o que nós aproveitamos para fazer nos finais de semana ou quando nossos horários permitem. Nós vemos o sono como dispensável, possível de ser reduzido, cortado ou evitado inteiramente quando temos uma reunião de manhã cedo ou filhos pequenos para cuidar, um projeto para terminar tarde da noite ou uma temporada completa de um seriado para assistir.

A pandemia não fez nada para motivar os americanos a voltar a dormir – no máximo, o surto de coronavírus nos impulsionou a negociar com nosso sono amado. De acordo com pesquisas, a maioria dos americanos agora está dormindo menos do que antes do início da pandemia, com muitos sofrendo de insônia e terrores noturnos. Na verdade, uma pesquisa estima que 98 por cento de todos os americanos desenvolveram novos problemas de sono desde o início da pandemia.[1] Surpreendentemente, faço parte desses 98 por cento. Eu digo "surpreendentemente" não porque acho que estou acima de ter um sono desordenado – claramente não estou –, mas nos últimos cinquenta anos da minha vida, ou até o coronavírus chegar, sempre tive um sono fantástico. Durante a residência, por exemplo, eu conseguia tirar uma soneca enquanto os médicos discutiam em voz alta ordens ou resultados de exames na sala ao lado ou enfermeiras levavam os pacientes às pressas pelo corredor. Hoje posso adormecer praticamente quando quero, e é raro haver uma noite em que eu fique me revirando na cama por algum motivo ou que acorde por qualquer outra razão que não seja para ir ao banheiro.

Eu durmo bem em parte porque me esforço muito para dormir bem, priorizando ter uma noite de sono adequada e deixando de lado as preocupações. Se estiver em uma festa incrível e me divertindo, mas tenho que acordar cedo no dia seguinte, vou sair como uma boa menina para ir para casa e ir para a cama. Se eu tiver um voo para pegar antes do amanhecer, me enfio na cama antes do pôr do sol. Mesmo quando eu quero ficar acordada uma hora a mais por algum motivo ou outro, vou me obrigar a ir para a cama porque sei que dormir é mais precioso do que qualquer coisa em que eu acredite, que eu queira ou precise fazer. Em outras palavras, passar de sete a oito horas na cama é essencial para mim.

Minhas prioridades não mudaram quando a pandemia começou. Eu comecei a acordar às quatro da manhã para estar no *Good Morning America* diariamente, mas também passei a ir para a cama às nove da noite na maioria das noites. Essa programação muitas vezes exigia disciplina hercúlea, especialmente quando eu tinha que aparecer no *World News Tonight* com David Muir, ainda que preferisse passar um tempo relaxando na frente da TV ou falando com meu namorado ao telefone, sem querer ir para a cama. Mas eu geralmente me continha e não fazia essas coisas porque sei que, se eu não durmo o suficiente, não consigo dar as notícias com o mesmo tipo de percepção e precisão que os espectadores merecem. Como médica, também sei que não dormir direito, mesmo que apenas por uma ou duas noites, abre a porta para uma série de problemas de saúde, que é a última coisa que eu ou qualquer outra pessoa precisamos durante um surto viral.

O que mudou para mim durante a pandemia não foi a quantidade de horas de sono, mas a qualidade dele. Apesar de ainda estar dormindo de sete a oito horas por noite, eu acordava quase toda manhã me sentindo mentalmente exausta, não descansada ou revigorada. Na primeira vez que aconteceu, coloquei a culpa no dia longo. Mas, quando começou a ocorrer várias vezes, com regularidade, comecei a me sentir inquieta. Eu nunca tinha sentido nada parecido.

Como médica, muitas vezes olho para a minha própria vida como um detetive médico: sempre tento ligar os pontos entre eventos ou comportamentos, sinais e sintomas. Mas eu não precisei ir muito fundo para decifrar o que estava acontecendo. Ao dar um passo para trás e analisar minha vida, tudo que vi foi a pandemia: eu estava vivendo na pandemia, dando notícias sobre a pandemia e ajudando a cuidar de meus pacientes na pandemia. E, embora eu pensasse que a pandemia não estava impactando meu sono como para as outras pessoas, eu estava tendo sonhos sobre o vírus quase todas as noites. Alguns eram pesadelos, como o que descrevi no capítulo 2, quando sonhei que estava intubada na UTI com Covid-19. A maioria, no entanto, eram simplesmente sonhos com o vírus – que eu estava lendo sobre o vírus, falando sobre o vírus, pensando no vírus. Eu não estava sozinha: o fenômeno de sonhos pandêmicos se tornou uma realidade vívida para muitos americanos, interferindo na quantidade e/ou na qualidade do sono de milhões de pessoas.

Depois que parei para analisar o que eram esses sonhos e como estavam afetando meu sono, comecei a perceber que não estava reservando tempo para acalmar a incerteza e o estresse que aconteciam ao meu redor e dentro da minha cabeça. Em vez disso, estava seguindo em frente sem reconhecer minha ansiedade, forçando minha mente a trabalhar horas extras para tentar processar inconscientemente o estresse à noite. Assim, meu cérebro não estava desligando, mas sim funcionando sem trégua num ciclo de incerteza e ansiedade que se manifestavam em um show noturno de sonhos relacionados à pandemia. Não admira que eu estivesse acordando e me sentindo mentalmente exausta.

Embora eu não tenha mais sonhos sobre a pandemia, sei que acordar em nosso novo estado normal e não se sentir descansado é um processo contínuo para muitos de meus amigos, pacientes e seguidores da mídia social. O problema pode parecer paradoxal porque muitos ficam mais tempo em casa agora, com menos motivos para sair ou levantar cedo. Mas essa falta de um cronograma consistente é apenas uma razão pela qual muitos não conseguem a quantidade ou a qualidade de sono de que precisam.

Por esse motivo e vários outros, o sono pode ter mais nuances do que outros aspectos da boa saúde, especialmente em tempos de crise. Por exemplo, em teoria, embora você possa comer menos e se movimentar mais para conseguir bons resultados, nem sempre pode dormir mais para melhorar sua saúde. Se fechar os olhos fosse tão simples, afinal, provavelmente não teríamos uma indústria de quase US$ 90 bilhões dedicada à tecnologia e aos auxiliares do sono.[2]

Uma vez que nem sempre é possível "ver" os resultados de mais horas de sono da mesma forma que outros tipos de ganhos de bem-estar, pode ser fácil esquecer como o novo normal está afetando nosso sono. Mas o que ficou claro para mim agora, durante a pandemia, mais do que nunca, é que o sono precisa desesperadamente de uma reformulação da imagem. Não há nada de luxo ou de dispensável no sono, não importa o que possa estar ocorrendo no mundo. É uma necessidade médica. Sem sono, os seres humanos não podem sobreviver. O sono abaixo do ideal leva a um declínio na saúde física e mental em quase todas as formas possíveis – muitas dessas formas são imperceptíveis para o paciente porque o sono abaixo do ideal ilude o cérebro fazendo-o pensar que está bem quando não está.

Tudo isso foi exacerbado por nosso novo normal. Pais que têm que ficar acordados até tarde para terminar o trabalho porque ficaram ocupados cuidando dos filhos durante o dia estão perdendo sono essencial. Pessoas desempregadas que sofrem de inquietação à noite porque estão preocupadas em pagar suas contas não estão dormindo como precisam.

Americanos mais velhos que têm medo de ficar doentes estão revirando-se na cama ou acordando muito cedo depois de uma noite insone. A pandemia deu a muitas pessoas novos motivos para ficar acordadas na cama, para sacrificar o sono por outra coisa ou para evitá-lo completamente. E, percebamos ou não, essa qualidade de sono alterada vem com um custo à saúde muito real.

Neste capítulo, quero mostrar como e por que o sono de quase todo mundo foi impactado por nosso novo normal. O sono pode ser uma janela enorme para nossa saúde psicológica e física, e, se prestarmos atenção aos sinais que ele nos envia, temos o potencial de abordar e responder a questões menores antes que se tornem importantes, assim como cuidar de fios desencapados antes que possam causar um curto-circuito.

Mesmo aqueles que pensam que dormem uma quantidade adequada de horas (como eu) podem não estar tendo a qualidade de que precisam. Vamos falar também sobre o fenômeno generalizado dos sonhos de pandemia e o que os especialistas que entrevistei dizem que você pode fazer para superar o problema. Mais importante, quero mostrar o que você pode fazer para dormir da melhor maneira em nosso novo normal, com dicas de como identificar e tratar os problemas de sono que agora se tornaram comuns na fase da pandemia.

COMO O SONO MUDOU NA FASE DA PANDEMIA

Na medicina, usamos a palavra *sequela* para descrever os problemas crônicos de saúde geralmente causados por uma doença primária. Sequela significa "sequência" em latim, e é fácil de entender quando colocada em contexto: enxaquecas, por exemplo, podem ser sequelas (sequências) de concussões; o refluxo ácido pode ser uma sequela da gravidez. E, em nossa nova realidade, os problemas de sono são sequelas da pandemia do coronavírus.

Na minha opinião, os problemas de sono foram uma das primeiras sequelas que tivemos depois que o surto começou – e eles podem ser as últimas sequelas que se dissiparão se e quando nos adaptarmos ao nosso novo normal. Isso porque problemas de sono são como um convidado desagradável que não entende a etiqueta da festa: sempre o primeiro a chegar e o último a sair. Problemas de sono podem ser insidiosos e cíclicos também, causando uma cascata de efeitos físicos, mentais e emocionais que tornam ainda mais difícil para quem dorme mal conseguir o sono necessário com o tempo.

Considerando esses fatos, não é surpreendente saber que 98 por cento dos americanos dizem que desenvolveram problemas de sono desde que a pandemia começou.[3] A maioria de nós também vai dormir mais tarde e passa menos tempo na cama, com 67 por cento dizendo que seu sono era mais saudável antes do início do surto.[4]

Existem vários fatores para coletivamente estarmos dormindo mal, de acordo com as estatísticas. Os principais, no entanto, são o estresse e a ansiedade que a pandemia de coronavírus causou ou agravou na maioria dos americanos.[5] Embora os níveis de ansiedade possam ter diminuído nos primeiros dias do surto, quando o vírus era novo e altamente misterioso, a pandemia provou que grandes disfunções médicas, sociais e econômicas podem acontecer a qualquer momento, virando nosso senso de normalidade de cabeça para baixo de uma hora para outra. Essa percepção – de que há sempre uma ameaça oculta e latente de ruptura do *status quo* – é importante e pode nos assombrar mais tempo do que o perigo que o vírus significar para a saúde humana.

Embora os temores em relação ao vírus possam ter diminuído um pouco desde que a pandemia começou, ainda há uma sensação persistente e generalizada de incerteza em nosso novo normal. Muitas pessoas não sabem quando vão encontrar um emprego, voltar para um escritório, andar de avião ou tirar férias em outra cidade ou país. Nós pensamos duas vezes antes de fazer atividades que antes costumavam ser cotidianas, como mandar nossos filhos à escola, pegar metrô ou ônibus pela cidade ou ir a um restaurante ou um bar lotados. Alguns estão mais preocupados agora com dinheiro, segurança no emprego, ou com o futuro de seus filhos; outros estão continuamente preocupados com parentes idosos ou doentes. Além do mais, os hábitos diários de todos foram mudados, e ninguém pode dizer com certeza se e quando vamos recuperar a sensação de uma rotina regular.

Infelizmente, essa sensação avassaladora de incerteza não se dissipa depois que caímos no sono: o estresse e a ansiedade podem continuar tomando nosso cérebro, fazendo-nos acordar à noite e nos sentir menos descansados quando nos levantamos no dia seguinte. Problemas de sono causados pela pandemia são tão comuns, de fato, que os neurologistas do sono cunharam o termo Covid-sônia para se referir ao aumento repentino de problemas de sono relacionados à pandemia.[6]

Mesmo que você não perceba uma sensação de incerteza, há ainda uma parte de nosso cérebro que sabe quando as coisas não são "normais" e pode permanecer ligada enquanto dormimos. Por exemplo, depois de ficar sem ver meu namorado nos dois primeiros meses do surto, nós dois ficamos impressionados ao notar como dormíamos bem juntos quando pudemos finalmente nos encontrar novamente e compartilhar uma cama. A melhora foi enorme e significativa, o que mostra como o cérebro subconsciente pode estar ciente do que está acontecendo quando dormimos, mesmo quando não estamos cientes. Se as coisas estão incertas em sua vida, como estão no mundo, sua mente subconsciente pode processar isso, mesmo que sua mente consciente não esteja percebendo.

Outras emoções, além da ansiedade e da incerteza, também estão alimentando nossa incapacidade de ter uma boa noite de sono, incluindo sentimentos de depressão, solidão, desesperança e falta de objetivo. A relação entre o sono e a saúde mental é mutuamente dependente, o que significa que o sono inadequado também pode desencadear ou agravar essas emoções.

Outro fator que atrapalha nosso sono é a falta de uma rotina diária constante. Com milhões trabalhando em casa e outros desempregados, muitas pessoas agora podem ir para a cama e acordar sempre que quiserem, trocando seus alarmes pré-pandemia e horários restritos de sono por um horário de sono irregular. Mesmo que estar livre de alarmes pela manhã possa parecer liberdade, isso realmente pode criar um novo tipo de gaiola, prendendo você no problema de estar fora de sincronia com os ritmos circadianos naturais de seu corpo.

Os seres humanos são primorosamente condicionados a realizar certas atividades em diferentes momentos do dia, tudo baseado em nossos ritmos circadianos, que é uma palavra chique para o relógio interno de 24 horas do corpo. Quando você interrompe seus ritmos circadianos e, digamos, come às quatro da manhã ou faz exercícios às onze da noite, seu corpo tem dificuldade em se ajustar, pois está condicionado a controlar sua digestão ou aumentar seus níveis de energia em determinados momentos do dia. Quando se trata de dormir, ir para a cama e levantar em horas irregulares, torna quase impossível para seu corpo estabelecer seus ritmos circadianos, o que pode fazer com que você tenha dificuldade para adormecer, continuar dormindo e sentir-se descansado ao acordar.

A pandemia perturbou nossos ritmos circadianos de diversas formas, já que muitos de nós acordamos, trabalhamos, comemos, fazemos exercícios, usamos as telas, socializamos e vamos para a cama em horários diferentes do dia desde que o surto começou – e, muitas vezes, em momentos totalmente diferentes hoje do que ontem. Isso deixa nosso corpo e nosso cérebro lutando para descobrir se é dia ou noite ou se deveríamos estar nos preparando para ir dormir ou juntando energia para fazer um treino ou um projeto de trabalho.

Também estamos gastando mais tempo olhando para nossos computadores, *smartphones*, *laptops*, *tablets* e TVs na era da pandemia. De acordo com uma pesquisa, as crianças em particular gastam 500 por cento mais tempo com tecnologia.[7] Esse tempo de tela não só pode ser prejudicial à sua saúde mental, aumentando o risco de depressão, ansiedade e solidão, mas a exposição à luz azul emitida pelas telas também atrapalha a produção natural que o corpo faz do hormônio melatonina, que ajuda a regular o sono.

Outros fatores que fazem parte do nosso novo normal também estão afetando nosso sono, incluindo o fato de estarmos bebendo mais álcool. Ainda que a bebida possa ajudá-lo a adormecer mais rapidamente, é um perturbador do sono comprovado, pois bloqueia o sono de movimento rápido dos olhos (REM), reduz o sono profundo e faz com que você acorde com mais frequência. Além disso, estamos fazendo menos atividade física, o que não está exatamente nos ajudando a entrar na terra dos sonhos e permanecer lá.

O fenômeno dos sonhos na pandemia

Milhões de pessoas dizem que estão tendo sonhos altamente vívidos ou incomuns desde o início da pandemia, com pesquisas estimando que 87 por cento de todos os americanos experimentaram o fenômeno agora conhecido como "sonhos pandêmicos".[8] Esses sonhos podem ser literais – você ou alguém que você conhece fica doente com o vírus – ou metafóricos, como ser perseguido por uma multidão ou atacado por insetos.

Sonhos pandêmicos também podem girar em torno de preocupações com a segurança, como estar no meio de uma multidão, usar máscaras ou lavar as mãos. Alguns podem até ser agradáveis, como encontrar uma cura para o vírus ou ver um ente querido que você não consegue visitar há meses. Mas o que nossos sonhos pandêmicos têm em comum, dizem os pesquisadores, é que estão nos impedindo de ter uma boa noite de sono e são a prova de que talvez precisemos fazer mais para lidar com nossa ansiedade.

Quando eu estava tendo sonhos pandêmicos, entrevistei um dos maiores especialistas sobre o fenômeno, a dra. Deirdre Barrett, professora de psicologia na Harvard Medical School e autora do livro *Pandemic Dreams* (Oneiroi Press, 2020), para o *Good Morning America*. Ela me disse que muitas pessoas agora são capazes de relembrar seus sonhos porque estão acordando com maior frequência durante o sono REM, que é o estágio do sono em que o sonho vívido tem mais chance de acontecer. E estamos acordando com maior frequência porque estamos ansiosos com a pandemia a tal ponto que isso se manifesta em nossos pensamentos subconscientes.

Esta não é a primeira vez que cientistas de sonho como Barrett têm visto um aumento em sonhos vívidos e perturbadores. Depois do Onze de Setembro, por exemplo, muitos americanos também relataram ter tido sonhos mais intensos ou incomuns. E, embora esses sonhos perturbadores possam eventualmente diminuir por conta própria, você pode tomar medidas para limitá-los e mitigar seus efeitos em seu sono.

POR QUE O SONO É MAIS IMPORTANTE EM NOSSO NOVO NORMAL

Eu falei sobre meus três pilares de boa saúde que formam o que eu acredito ser a base da prevenção de doenças e do bem-estar ideal: nutrição, atividade física e sono. Depois de ler os dois últimos capítulos, você já sabe a importância da dieta e dos exercícios para nossa saúde física e mental em nosso novo normal.

Mas, em minha tríade de pilares, o sono pode ser o componente mais vital. Se você não está dormindo o suficiente, sua boa alimentação ou a frequência de exercícios físicos podem não importar tanto: a capacidade do seu corpo de queimar gordura, construir músculos, aumentar a função imunológica e colher todos os outros benefícios de uma dieta adequada e de exercícios físicos será prejudicada.

É por isso que a primeira pergunta que sempre faço aos pacientes quando eles detalham um sintoma ou uma condição preocupante é "Como você está dormindo?". O sono é poderoso e importante.

Na era da pandemia, o sono se tornou ainda mais essencial. As pandemias, por natureza, são épocas de alto risco, tanto física quanto mentalmente. Fisicamente, você enfrenta a ameaça de uma infecção possivelmente mortal, além de todos os outros riscos à saúde que sempre existiram – tudo, desde câncer a acidentes de carro. Mentalmente, você experimenta um nível de ansiedade e incerteza que dura mais do que a ansiedade com qualquer outro evento global traumático, como um desastre natural. Se você não está dormindo o suficiente no novo normal, está entrando no campo de batalha do nosso mundo já um pouco incapacitado, um pouco exausto e com menos chance de ter sucesso.

Analogias à parte, o corpo precisa de sono adequado para ser capaz de evitar a infecção viral. É por isso que as pessoas que não dormem o suficiente são mais propensas a adoecer após serem expostas a vírus, como o do resfriado comum.[9] Na verdade, a pesquisa mostra que aqueles que dormem, em média, menos de sete horas por noite têm três vezes mais chances de ser infectados pelo vírus do resfriado comum em comparação com aqueles que dormem oito horas de modo regular.[10] O sono é tão fundamental para lutar contra infecções por vírus que não dormir o suficiente pode até reduzir a eficácia de vacinas, de acordo com estudos.[11]

O sono inadequado também aumenta o risco de diabetes, pressão alta e outras comorbidades para Covid-19. O sono ruim ainda pode contribuir para o ganho de peso ou torna mais difícil perdê-lo. Do ponto de vista da saúde mental, aqueles que dormem menos também são mais propensos a desenvolver ou agravar sentimentos existentes de depressão, ansiedade, solidão e outras emoções desagradáveis.

Os verdadeiros riscos de dormir muito

Não foi apenas dormir muito pouco que se tornou um problema nesses tempos de pandemia. Muitas pessoas agora estão dormindo demais. Ainda que tenham necessidades únicas de sono, a maioria dos adultos saudáveis não deve dormir mais do que nove horas por noite – se acontece, é um sinal de que algo pode estar errado com sua saúde física ou mental.

A maioria de nós associa dormir muito pouco com problemas de saúde. Mas dormir muito, ou mais de nove horas por noite, pode aumentar o risco das mesmas doenças, incluindo diabetes, pressão alta e tendência a se tornar acima do peso ou obeso. Um estudo descobriu que dormir demais pode ser pior para sua saúde de modo geral do que dormir de menos.[12]

> Da mesma forma, passar muito tempo na cama pode aumenta o risco de desenvolver depressão e outros transtornos de humor. Dormir demais também pode ironicamente fazer você se sentir mais cansado e leva a níveis mais baixos de energia ao longo do dia.

COMO DORMIR MELHOR EM TEMPOS DE CRISE

Você provavelmente já sabe que não pode simplesmente estalar os dedos e eliminar todos os medos, ansiedades e preocupações que podem estar mantendo-o acordado à noite. Da mesma forma, você não pode apertar o botão de ejetar e acabar com todas as incertezas que o fazem acordar, deixando-o exausto pela manhã. O que você pode fazer, no entanto, é seguir as etapas específicas descritas ao longo deste livro para controlar sua ansiedade, reduzir seus níveis de estresse e aprender a lidar melhor com a incerteza que agora faz parte do nosso novo normal.

Para muitos, controlar a ansiedade, diminuir o estresse e enfrentar incertezas muitas vezes têm a ver com encontrar conforto à noite, seja mantendo a Netflix ligada sem ser assistida, entrando nas redes sociais quando já está na cama ou assistindo a programas de culinária até altas horas da noite. Eu sou culpada por ter feito tudo isso em nosso novo normal para ajudar a tirar minha mente de coisas estressantes e encontrar um pouco de conforto emocional. Mas o conforto que você pode sentir com a TV, as redes sociais e outras distrações noturnas é apenas temporário, e infelizmente essas distrações podem e interferem na capacidade de conseguir dormir e permanecer adormecido. Lembre-se de que dormir uma noite inteira pode fornecer uma forma de conforto mais duradoura e muito mais benéfica, portanto tente minimizar essas distrações antes de dormir.

Enquanto você trabalha para controlar as emoções que podem estar interferindo no seu sono, existem coisas distintas que pode fazer para melhorar a quantidade e a qualidade do sono. Aqui estão sete passos para dormir melhor em tempos de pandemia:

1. **Pratique o básico da higiene do sono.** Você pode esperar que seu carro não funcione bem se souber que o óleo está baixo, que a correia dentada está estourada ou que os pneus não estão cheios. Da mesma forma, se você sabe que há um problema óbvio com o básico da sua higiene do sono, não deve se surpreender por não conseguir dormir durante oito horas completas ou se acordar frequentemente se sentindo cansado. A higiene do sono trata do ambiente e dos comportamentos que você adota quando dorme e inclui dicas que muitos de nós já ouvimos antes, como deixar seu quarto escuro, silencioso e frio antes de ir para a cama (a temperatura ideal para dormir é de cerca de 18°C).[13] Também significa tomar certas medidas, como limitar a ingestão de cafeína após o almoço e desligar todas as telas pelo menos uma hora antes de dormir.
2. **Pegue uma dica com seu cachorro, parte I.** Seu cachorro sabe exatamente a que horas o café da manhã deve ser todas as manhãs, por isso ele vai choramingar ou acordar você se seu sono for além da hora certa. Em tempos de pandemia, siga o exemplo do cachorro e levante-se à mesma hora todos os dias. Ainda que não saia para trabalhar – trabalhar de casa tem levado muitos a desligar seus alarmes matinais e a dormir até quando quiserem –, seguir uma rotina de sono irregular é uma das piores coisas para a saúde e a higiene do sono. Adotar uma rotina de sono consistente, na qual

você vai para a cama e acorda na mesma hora todos os dias, é fundamental para o sono restaurador, mesmo que você durma uma média de sete a oito horas por noite.

Para adotar uma rotina de sono consistente, defina no seu telefone um alarme para a hora de dormir, que também faça você se lembrar de desligá-lo à noite, e um alarme matinal para tocar sete a oito horas depois. Para aqueles sem um motivo concreto para acordar, como o trabalho ou a escola, os alarmes podem parecer arbitrários no início. Mas lembre-se de que o motivo pelo qual você está fazendo isso não é por capricho: você está ajustando seu relógio interno a fim de rever seu sono e melhorar sua saúde em nosso novo normal. Com o tempo, vai começar a se sentir naturalmente cansado perto da hora de dormir, dormir melhor durante a noite e acordar sem alarme no dia seguinte, sentindo-se mais revigorado e pronto para começar o dia.

3. **Pegue uma dica com seu cachorro, parte II.** Quando você leva seu cachorro ao parque e ele sai correndo com seus amigos caninos, você nota que ele dorme como uma pedra quando finalmente descansa mais tarde? Sim, bem, os humanos não são diferentes: nosso corpo e nosso cérebro muitas vezes precisam ser estimulados para dormirmos bem. Mas o ato de ser estimulado é um desafio hoje em dia, já que muitos de nós temos menos estímulo físico e mental do que tínhamos antes do início da pandemia. A maioria está se exercitando com menor frequência e não se encontra tanto com amigos, colegas, desconhecidos e o mundo exterior como fazíamos antes de a pandemia começar.

   O que fazer? Duas coisas: (1) Comece a se exercitar. Para ver dicas de logística e truques mentais sobre como fazer isso no novo normal, veja o capítulo 5. (2) Mantenha sua mente ativa. Assuma novos projetos no trabalho ou dedique-se muito à busca por um novo emprego. Para ter estímulo mental fora do trabalho, entre para um clube do livro (virtual ou não), aprenda um novo idioma, comece a escrever o seu romance, escolha um *hobby* desafiador, como tocar violão ou jogar xadrez, devore novos livros e/ou prepare novas receitas. (Este último *hobby* pode satisfazer vários objetivos saudáveis em nosso novo normal – veja a página 111 para obter mais detalhes.)

4. **Treine novamente sua mente.** Meu sono foi perturbado quando comecei a ter sonhos pandêmicos, o que aconteceu porque eu não estava acalmando todas as coisas que aconteciam ao meu redor e dentro da minha cabeça. E eu não estava acalmando todas as coisas que aconteciam ao meu redor e dentro da minha cabeça em parte porque não estava reservando tempo para meditar.

Tenho meditado de modo intermitente durante anos e, quando estou meditando, me sinto menos ansiosa, irritada e estressada e mais relaxada, atenta e alegre. Nos primeiros dias da pandemia, parei de meditar porque pensei que não tinha tempo, já que estava trabalhando 14 a 16 horas por dia para a TV, enquanto também atendia pacientes virtualmente sempre que eu tinha uma pausa rápida. Isso foi um erro. Se eu tivesse reservado apenas vinte minutos para meditar, teria tido menos sonhos perturbadores (ou nenhum), minha qualidade de sono teria melhorado, minha produtividade e meu foco teriam aumentado e tudo isso teria mais do que compensado o tempo da meditação.

Se você tem sonhos pandêmicos ou dificuldade para dormir, ou simplesmente não consegue acordar sentindo-se descansado, eu incentivaria a tentar alguma forma de meditação regularmente. Pela minha experiência, é uma das melhores maneiras de aquietar a mente. Estudos mostram que a meditação consciente – concentrar-se em sua respiração e em como você se sente no momento – pode ajudar a tratar a insônia e a melhorar a qualidade e a quantidade do sono, ao mesmo tempo que reduz a sensação de depressão, ansiedade e solidão.[14]

5. **Canalize seu Freud interior.** Se você está tendo sonhos perturbadores, a melhor solução é tentar reduzir seus níveis de ansiedade e estresse. Enquanto tenta fazer isso, pode tomar outras medidas para mitigar os efeitos que seus sonhos estão tendo em seu sono. Quando conversei sobre isso com a dra. Deirdre Barrett, da Harvard Medical School, ela sugeriu que você registre os sonhos com caneta e papel, à moda antiga, que devem ser mantidos ao lado da cama de modo que estejam à mão quando acordar (não emitem a luz azul, como seu telefone, que piora seus problemas de sono). Manter um diário de sonhos pode ajudá-lo a normalizar a experiência e a identificar padrões, como se seus sonhos fazem você se sentir assustado, ansioso, isolado ou inseguro.

    De acordo com Barrett, você também pode tentar controlar seus sonhos com uma técnica chamada *incubação de sonhos*. Para fazer isso, pense sobre o que quer sonhar antes de ir para a cama, e pode ser com você aproveitando férias em um lugar legal, praticando esportes com amigos ou passando tempo com alguém especial. Visualize-se fazendo a atividade enquanto cai no sono; se for útil, você também pode colocar uma foto ao lado da cama que faça com que você se lembre dessa atividade. Apenas acredite que a técnica vai funcionar. Estudantes universitários que praticaram a incubação de sonhos em um dos estudos de Barrett sonharam com o que queriam em aproximadamente 50 por cento do tempo; quando eles não tinham ideais de sonho, não se lembravam daquilo com que sonhavam, o que quer dizer que esses sonhos não eram vívidos nem intensos.[15]

6. **Canalize seus pais.** Na infância, seus pais provavelmente desligavam a TV quando era hora de ir para a cama. Bem, hoje é hora

de canalizar essa disciplina para dentro de nós mesmos, porque estamos assistindo muito mais TV agora do que antes – e isso está sabotando nosso sono.

Com questões de segurança restringindo muitos encontros e atividades sociais, a audiência da TV disparou, com os americanos agora assistindo em média mais oito horas de TV por semana (mais de uma hora por dia) do que antes da pandemia.[16] A maior parte desse aumento está acontecendo à noite, com o maior salto ocorrendo entre 11 da noite e 2 da madrugada.[17]

Não surpreendentemente, mais TV tarde da noite significa muito menos sono para a maioria dos americanos. De acordo com uma pesquisa, 37 por cento das pessoas preferem assistir Netflix a dormir durante a quarentena.[18]

Mas a Netflix não é o único sabotador do sono dentro de sua pequena tela: os noticiários da TV também estão tirando muitos do sono de que precisam. Desde o início da pandemia, o consumo de telejornais aumentou 64 por cento.[19] Enquanto isso pode parecer ok se você adora telejornais como eu – é a minha área profissional, afinal –, para outros consumir muitas notícias contribuiu para aumentar a ansiedade e, consequentemente, os problemas de sono. Se você está particularmente estressado com o que vê nas notícias, desligue durante o dia e à noite por um tempo, faça uma pausa ou reduza o tempo que passa assistindo.

7. **Repense os comprimidos, mesmo aqueles que você compra em uma loja de produtos naturais.** Tomar um medicamento prescrito para dormir, como o Ambien, pode ser tentador quando você está desesperado para ter uma boa noite de sono. Mas, a menos que um medicamento seja recomendado pelo seu médico, eu sugiro que você recorra apenas a soluções não farmacológicas para seus problemas de sono. Como médica em exercício, sei por experiên-

cia própria que remédios para dormir prescritos costumam causar mais problemas do que resolver. Ironicamente, os medicamentos para dormir costumam causar sonolência e letargia durante o dia, revertendo os efeitos desejados de uma boa noite de sono, e muitos não são aprovados para ser usados a longo prazo, o que pode desencadear problemas de dependência. Há também certos riscos à saúde com o uso prolongado de alguns remédios para dormir, incluindo o aumento do risco de dores de cabeça, fadiga crônica e problemas digestivos.[20] Por esse motivo, medicamentos prescritos para dormir devem ser usados intermitentemente, não de maneira habitual e indefinida.

Também não recomendo experimentar suplementos como melatonina, valeriana ou CBD, a menos que sejam prescritos a você por um médico. Ao contrário de alguns médicos formados na medicina tradicional ocidental, acredito que os suplementos dietéticos funcionam – e porque acredito que podem funcionar, acho que deveriam ser usados com o mesmo cuidado que os medicamentos prescritos, se não mais, uma vez que os suplementos não são regulamentados da mesma forma que os medicamentos de prescrição. Quando você toma um suplemento sem supervisão médica, também está se arriscando em relação à dosagem de que pode precisar e a uma possível interferência com qualquer outro medicamento que esteja tomando. Para quem acredita que os suplementos são inofensivos porque supostamente são naturais, posso listar cerca de duas dúzias de coisas "totalmente naturais" que não são inofensivas, incluindo cocaína, cicuta, tabaco e semente de ópio.

Os problemas de sono ocorriam muito antes de a pandemia do coronavírus começar e continuarão assim por décadas após este surto – e o próximo surto – terminar. Mas, assim como o mundo ao nosso redor influencia a forma como comemos, pensamos e nos divertimos, também molda a maneira como dormimos, e reconhecer quais fatores externos podem estar interferindo em nossos pensamentos internos, nossas emoções e nossa capacidade de dormir é essencial para nos adaptarmos no nosso novo normal.

O primeiro passo nesse processo é reconhecer que o mundo em que vivemos é diferente agora e que seu sono provavelmente foi afetado por causa dele. Assim que começar a reconhecer e aceitar nosso novo normal, será capaz de dar os passos necessários para estabilizar seu sono também. Fazer isso não vai apenas melhorar sua saúde e sua felicidade; também pode ajudá-lo a ver nosso novo normal como veria uma pessoa bem descansada e revigorada: um lugar claro, totalmente colorido e de esperança.

CAPÍTULO 7

Medos em relação à saúde

Kristin Whitfield, de 71 anos, é uma mulher extraordinária. Vivaz e extrovertida, ela sempre foi uma aventureira intrépida, navegando grandes barcos no Lago Huron durante a semana e dançando jazz com seus amigos nos fins de semana. Ela gosta de viajar muito, adora festas e conhecer gente nova. Sabe preparar martínis, descascar ostras e andar de bicicleta.

Claro, isso tudo foi antes de a pandemia chegar. Imediatamente após o início do surto de coronavírus, Kristin teve que pausar sua vida como milhões de outros americanos – e com razão. No início dos 70 anos e com um problema cardíaco, ela tem alto risco de desenvolver complicações com a doença.

Mas, depois que as ordens de restrição foram suspensas, Kristin quis reiniciar a vida e começou a planejar uma viagem de sua casa em Michigan até sua antiga casa em Cape Cod. O único problema foi que Kristen agora tinha desenvolvido um medo forte de estar dentro de qualquer lugar que não fosse sua casa, mesmo que apenas por alguns minutos. Como ela faria todo o caminho até Cape Cod? Ela jurou que não pararia em nenhum banheiro público durante a viagem e se aliviaria à beira da estrada.

Quando ouvi a história de Kristin, me senti extremamente solidária. Ela tem todo o direito de se preocupar com o contágio da Covid-19 e deve tomar todas as precauções necessárias para prevenir a infecção. Mas essas precauções agora passavam do limite do necessário para o extremo, e, se ela chegara ao ponto de urinar à beira da rodovia, as preocupações que tinha sobre o risco de exposição ao vírus haviam se tornado extremamente ansiosas. E essa ansiedade poderia prejudicar sua saúde.

E se um carro perdesse o controle e atingisse Kristen enquanto ela estivesse parada à beira da estrada? Essa é uma ameaça real, com 12 por cento de todas as mortes em rodovias interestaduais ligadas a acidentes no acostamento.[1] Ou e se ela contraísse a doença de Lyme, a doença transmitida por vetores mais comum nos Estados Unidos – agachando-se na mata para urinar? Sua viagem a levou por estados com a maior densidade de carrapatos de veado, que transmitem a doença debilitante. Por fim, o que toda essa ansiedade poderia estar causando a seu problema cardíaco? Pessoas que sofrem de transtorno de ansiedade generalizada podem ter até 48 por cento maior probabilidade de morrer de doença cardíaca, de acordo com estudos.[2]

Na minha opinião como médica, esses riscos superaram os possíveis perigos que Kristin teria enfrentado ao usar um banheiro público enquanto usasse uma máscara – um esforço que os epidemiologistas consideram ser de risco baixo a médio de contágio de Covid-19.[3]

Kristin não era alguém que eu esperava que fosse desenvolver medos irracionais sobre sua saúde. Ela é muito extrovertida e não tem histórico de ansiedade ou fobia. Mas as pandemias podem mudar as pessoas, incluindo os medos que temos sobre nossos mundos interno e externo. E, enquanto seus problemas de saúde não são tão incapacitantes quanto os que muitos agora enfrentam em nosso novo normal, sua história ilustra como a ansiedade pela saúde pode se manifestar de maneiras sutis e muitas vezes potencialmente prejudiciais.

Eu quero ser clara, no entanto: ter algum grau de medo ou apreensão em nosso novo normal é compreensível, se não inevitável. As pandemias, por definição, são tempos assustadores, e o medo é uma reação natural e primitiva. Sou médica, entendo de patologia de doenças muito bem e lido com preocupações médicas todos os dias tanto quanto como profissional atuante quanto como correspondente médica. Mas eu não estou imune de me sentir ansiosa com a minha própria saúde de vez em quando (veja a página 49 do capítulo 2 para ler sobre minha história).

Mas o que está acontecendo agora para muitos não é um lampejo passageiro de ansiedade. É um medo agudo e duradouro que fez com que milhões de pessoas ficassem preocupadas com o vírus ou com outro problema de saúde para o qual transferiram seus medos. Essa preocupação constante pode começar a interferir em seus comportamentos diários e no bem-estar básico, causando um nível de ansiedade que aumenta o risco de depressão, solidão e isolamento, junto com muitas doenças físicas, como hipertensão e síndrome do intestino irritável. Os medos em relação à saúde também podem levar alguns a tomar decisões como lavar comida com água sanitária ou, como Kristin, a fazer coisas incomuns para evitar o vírus e acabar se expondo a outros riscos. Outros se tornar tão preocupados temendo ter ou contrair o vírus que perderam relacionamentos, carreira, oportunidades e/ou a capacidade de funcionar em nosso novo normal.

Não importa quão leve ou agudo seu nível de ansiedade seja, a boa notícia é que a doença é amplamente tratável. Você pode aprender a lidar com seus medos e aproveitar a vida com segurança, mesmo durante uma pandemia ou uma crise de saúde semelhante. Neste capítulo, veremos o que é a ansiedade com a saúde, como identificar se você tem um problema e que aprender a pensar como um médico pode ajudá-lo a se adaptar melhor a nosso novo normal.

Explicarei cuidadosamente por que e como a noção de "mais" não é melhor quando se trata de ansiedade em relação à sua saúde. Também compartilharei conceitos por trás de alguns dos principais mantras médicos que aprendi nos vinte anos de medicina. Eu os usei centenas, se não milhares de vezes para ajudar a acalmar muitos pacientes assustados e até em pânico. Eu sei que esses mantras os ajudaram e acredito que eles também podem ajudar você.

SEUS MEDOS EM RELAÇÃO À SUA SAÚDE ESTÃO DE FATO PREJUDICANDO SUA SAÚDE?

Na medicina, ter medo de ficar doente ou ficar obcecado pela saúde é um mal conhecido como ansiedade relacionada à saúde. Antes de o surto de coronavírus começar, os pesquisadores estimaram que até 12 por cento de todas as pessoas sofriam deste problema de saúde mental.[4] A pandemia, no entanto, aumentou significativamente essa estatística, de acordo com um estudo publicado no *American Psychologist*, afetando pessoas sem histórico anterior conhecido de ansiedade ou hipocondria.[5]

Não é difícil entender por que tantos de nós podemos agora nos sentir excessivamente ansiosos em relação à nossa saúde. De forma global, nós vimos países inteiros se fecharem e nossas vidas diárias serem reviradas, tudo porque o coronavírus tem representado uma ameaça contínua à nossa saúde coletiva. Muitos dos lugares que costumávamos frequentar em busca de conforto e diversão, como restaurantes, academias, cinemas e igrejas, tornaram-se potencialmente inseguros para entrar sem uma máscara. Pode ser que nem sequer apertemos as mãos novamente, de acordo com o maior médico infectologista do país, dr. Anthony Fauci, porque o vírus é altamente transmissível.[6]

Mas só o fato de você ter temido o coronavírus, no entanto, não significa que tenha ansiedade em relação à sua saúde. Na verdade, se você não se preocupou com a Covid-19 em um momento ou outro, posso dizer que está perdendo a resposta natural do corpo ao medo. Da mesma forma, também é totalmente normal sentir dor ou um sintoma preocupante e passar por um momento de pânico temendo que possa ser algo sério ou gastar um pouco de tempo demais pesquisando no Google os piores cenários. Todas essas são reações e respostas naturais.

Mas se preocupar com a Covid-19, com alguma outra doença ou com sua saúde em geral se torna prejudicial quando essas preocupações ocasionais se transformam em ansiedades persistentes. Isso pode acontecer quando a parte racional do seu cérebro fica paralisada pelo medo, permitindo que pensamentos irracionais sobre alguma doença, sobre seu corpo ou sobre sua saúde de modo geral assumam o controle e ditem suas decisões, ações e/ou emoções. Esses medos podem se tornar paralisantes, levando a ansiedade aguda, depressão e outros problemas de saúde mental, e permitem que você faça escolhas que podem prejudicar sua saúde de outras maneiras. A ansiedade pela saúde pode até interferir na sua capacidade de funcionar perto de outras pessoas ou no mundo em geral.

É importante saber que esse tipo de ansiedade relacionada à saúde pode acontecer com qualquer pessoa a qualquer momento, mesmo meses ou anos após um evento traumático, como uma pandemia, acabar. A doença não faz distinção de inteligência ou educação, e pessoas extremamente inteligentes com vários diplomas em seu nome podem e desenvolvem ansiedade em relação à saúde. Você também não precisa ser mais velho ou correr o risco de sofrer complicações com a Covid-19 para sofrer. Na verdade, os pesquisadores viram um aumento de 133 por cento na ansiedade em relação à saúde em crianças e jovens no Reino Unido em 2020 em comparação com o ano anterior, de acordo com uma pesquisa encomendada pelo Serviço Nacional de Saúde.[7] A ansiedade relacionada à saúde pode afetar pessoas mentalmente fortes e emocionalmente resilientes, bem como aquelas que de outra forma poderiam parecer calmas e contidas.

Por exemplo, recentemente, recebi uma paciente de 24 anos que estava feliz cursando pós-graduação na Filadélfia quando o surto começou. Com o passar do tempo, no entanto, ela desenvolveu muita ansiedade em relação a pegar Covid-19 e decidiu deixar a faculdade para voltar para a casa dos pais na cidade de Nova York. Apesar de acreditar que estaria protegida em sua casa de infância, sentindo-se mais segura, sua ansiedade com a saúde não se dissipou. Quando ela me viu, estava com muito medo de contrair o vírus, embora a cidade de Nova York tivesse uma das taxas de transmissão mais baixas na época, eu estivesse tomando todas as medidas adequadas e precauções de redução de risco de Covid-19 e ela não tivesse fatores de risco para complicações graves da doença.

Como saber se você tem ansiedade em relação à sua saúde? Aqui estão algumas perguntas a fazer a si mesmo para ajudar a determinar se seus problemas de saúde podem estar causando mais mal do que bem:

- As preocupações com o vírus ou com sua saúde de modo geral estão fazendo você se sentir isolado, deprimido, solitário ou ansioso?
- As preocupações com o vírus ou sua saúde em geral estão interferindo com sua capacidade de trabalhar ou realizar outras atividades para seu sustento do dia a dia?
- As preocupações com o vírus ou com sua saúde de modo geral estão interferindo em seus relacionamentos ou em sua capacidade de dar ou receber amor?
- Você está correndo riscos que não correria antes da pandemia para evitar uma possível exposição ao vírus?
- Você não está saindo de casa porque está preocupado em relação ao vírus (exceto em caso de pedidos para que a população fique em casa ou de necessidade de quarentena voluntária)?
- Você gasta muito tempo esterilizando seu corpo, sua casa ou outro ambiente de modo obsessivo?
- Você não tem sinais de infecção ou doença, mas constantemente teme estar com Covid-19 ou outra doença?

» Você passa muito tempo pesquisando sobre o vírus ou outras doenças obsessivamente?
» As preocupações em relação ao vírus ou à sua saúde em geral estão interferindo em sua capacidade de dormir ou comer?
» Você se pega preocupando-se com o vírus ou com sua saúde, de modo geral, várias vezes por dia?
» Algum de seus amigos ou familiares disse que seus medos ou suas precauções são extremos?

Se você respondeu *sim* a uma ou mais dessas perguntas, é possível que esteja sofrendo de ansiedade em relação à saúde. Continue lendo para descobrir maneiras de ajudar a aliviar essa ansiedade e começar a pensar como um médico para passar pelo nosso novo normal com saúde, alegria e segurança.

Quando buscar ajuda

Se você respondeu *sim* a várias perguntas da lista acima, pode estar sofrendo de hipocondria aguda. Dois terços de todas as pessoas com diagnóstico de hipocondria também têm um transtorno psiquiátrico coexistente, como depressão, transtorno do pânico, ou transtorno obsessivo-compulsivo (TOC), todos problemas graves que podem exigir tratamento direcionado.[8] Se vocês ou aqueles ao seu redor estão preocupados com sua ansiedade em relação à saúde, procure imediatamente ajuda profissional de um psicólogo, psiquiatra ou outro profissional de saúde mental.

SEIS PASSOS PARA AJUDAR A FACILITAR A ANSIEDADE EM RELAÇÃO À SAÚDE

Durante uma grande crise de saúde, como uma pandemia, pode ser fácil ter a sensação de que você precisa parar de viver uma vida normal para lidar com qualquer tipo de vida no futuro. Mas isso não é verdade. Você não tem que viver com medo para se proteger contra o coronavírus ou qualquer outra doença. Aqui estão seis etapas que você pode seguir agora para tentar mitigar seus medos de saúde. Os primeiros cinco são relativamente diretos; a última etapa requer alguma inteligência extra, que você encontrará em detalhes no restante deste capítulo.

1. **Reconheça e normalize o problema.** Você já leu esse conselho nos capítulos anteriores, mas há uma razão pela qual continuo repetindo isto: em nosso novo normal, é fundamental reconhecer os obstáculos que enfrentamos para superá-los e seguir em frente, e o primeiro passo para superar a ansiedade em relação à saúde é admitir que ela existe em primeiro lugar. Não há vergonha nem constrangimento nisso: a ansiedade em relação à saúde é algo comum e não um reflexo de sua inteligência, educação, sofisticação, força mental ou resiliência emocional.

   Reconhecer que você tem ansiedade em relação à saúde também pode ajudar a normalizar o problema. Quando você diz a si mesmo (e aos outros) que está sofrendo, isso permite que você aceite seus medos e comece a vê-los como comuns e corriqueiros, e não anormais e assustadores.
2. **Você não precisa dizer a si mesmo o que está na sua cabeça.** Seus medos são reais no sentido de que estão realmente acontecendo com você. E, às vezes, medos muito reais podem criar sintomas como dificuldade de respiração, aperto no peito, dores

de cabeça, fadiga, dores no corpo e náuseas, todos que também são sintomas de Covid-19, entre outras coisas. Você se lembra da história na página 54 sobre meus colegas que me ligaram porque sentiam um aperto no peito e pensei que eles tivessem Covid-19? Esse sintoma se devia à ansiedade, não ao vírus.

Na próxima vez em que você se pegar pensando nos sintomas – ou tomando precauções excessivas, como higienização das mãos ou convencendo a si mesmo de que ficará doente –, pense no que está perdendo por estar obcecado por sua saúde, incluindo tempo com família ou amigos, a oportunidade de progredir no trabalho ou a chance de praticar o autocuidado.

3. **Pense em fazer terapia.** De acordo com pesquisadores e líderes de organizações de saúde mental, a terapia cognitivo-comportamental (TCC) é um dos tratamentos mais eficazes para a ansiedade em relação à saúde.[9] Na verdade, um estudo descobriu que a TCC dobrou a probabilidade de tratar a ansiedade ligada à saúde em relação ao cuidado-padrão.[10]

   A TCC visa a padrões de pensamento negativo como a raiz de nossas emoções e comportamento, em vez de apontar uma determinada situação como a causa. Por exemplo, nem todos desenvolveram ansiedade em relação à saúde como resultado da pandemia. A TCC pode ajudar a gerenciar pensamentos e comportamentos irracionais, guiando você a reagir a uma situação sem medo.
4. **Tire férias do Google, das redes sociais e até mesmo dos noticiários.** É fácil para qualquer pessoa passar bastante tempo *on-line* procurando motivos para desenvolver medos prejudiciais em relação a seu corpo ou a doenças – é por isso que muitos alunos de escolas de medicina pensam que têm qualquer doença que estejam estudando no momento. Se você está sofrendo com medo do vírus ou com sua saúde, de modo geral, dê uma pausa no

Google e pare de procurar qualquer coisa relacionada à Covid-19 e/ou a outras doenças.

Da mesma forma, passar menos tempo nas redes sociais ou assistindo ao noticiário também pode ajudar a limitar a ansiedade. Lembre-se de que alguns meios de comunicação sensacionalizam os assuntos – "a tragédia vende bem", como dizem –, e histórias de pessoas saudáveis adoecendo gravemente de Covid-19 são raridade, não a regra.

5. **Lembre-se de que coisas comuns são as mais comuns.** Muitas pessoas com ansiedade em relação à saúde tendem a se preocupar com problemas médicos para os quais elas têm um risco relativamente baixo. Por exemplo, muitos americanos agora têm mais medo da Covid-19 do que de doença cardíaca, embora o risco de morrerem por causa do vírus seja extremamente baixo, mas o risco de morte por doença cardíaca seja de um em cada sete. Essas estatísticas não deveriam fazer com que você começasse a se preocupar com doenças cardíacas, mas é importante manter sua saúde em foco a partir de um contexto médico real.
6. **Escolha os fatos, não o medo.** Como você soube depois de ler o capítulo 2, esta tem sido minha máxima durante a pandemia e, na realidade, o que me ajudou a superar minha ansiedade. Escolher fatos em vez do medo coloca você no controle de suas próprias emoções. Médicos fazem isso todos os dias, a fim de lidar com emergências de saúde angustiantes e tomar decisões médicas. Se você puder aprender a pensar como um médico, pode ficar calmo e controlado em relação a certos riscos, minimizando os danos que a ansiedade pela saúde pode causar no seu bem-estar físico e mental.

Não pense que você está imune a tudo

Algumas pessoas não têm problemas de saúde como resultado de nosso novo normal. Elas percebem os riscos do vírus e tomam precauções enquanto permanecem calmas e informadas sobre a ameaça que a pandemia oferece.

Outras pessoas, no entanto, levam tudo ao extremo oposto e são o que chamo de destemidas com a saúde: elas acham que são invulneráveis ou invencíveis ao vírus e desprezam as recomendações ou diretrizes médicas. Muitos jovens adotaram essa atitude, presumindo que não podem adoecer, então não usam máscaras nem fazem distanciamento social – acabam pegando Covid-19 e admitem que deveriam ter tomado medidas de segurança. Pessoas mais velhas podem se sentir imunes à doença, muitas vezes porque não estão dispostas a aceitar a crescente vulnerabilidade de sua idade ou porque acreditam que sobreviveram a riscos de saúde suficientes ao longo dos anos e são de alguma forma indestrutíveis agora.[11]

Se você escolheu este livro, provavelmente não se sente imune. Mas se você conhece alguém que se sente assim, eu o incentivaria a lhe dizer o que eu disse muitas vezes no ar: só tem que acontecer uma vez. E eu sei por experiência que as doenças infecciosas não ligam para saber quantos anos você tem ou a quantos outros vírus, patógenos ou perigos semelhantes você já sobreviveu para deixá-lo gravemente doente agora.

Mas há um problema muito maior em se sentir imune em nosso novo normal – ou durante qualquer pandemia, aliás.

> Embora estejamos em um país livre e você possa dar as cartas no que diz respeito à sua vida, não está certo você colocar em perigo a vida de outros. Uma doença contagiosa não é como câncer, uma doença cardíaca ou outras doenças crônicas: as escolhas que você faz sobre seu próprio corpo e sua saúde podem afetar a sobrevivência de outras pessoas.

PENSE COMO UM MÉDICO – AGORA MAIS DO QUE NUNCA

Os médicos não usam emoções para tomar decisões médicas. Nós não decidimos operar porque estamos com medo de uma doença, nem prescrevemos um remédio porque temos medo do que acontecerá se não o fizermos. Em vez disso, confiamos em fatos e usamos a medicina baseados em evidências, literatura publicada revisada por pares, dados de pacientes, pesquisa populacional e probabilidade médica conhecida para tomar decisões informadas sobre a saúde de outra pessoa.

Escolher a evidência e não a emoção como um médico pode permitir que você faça algo que falei na introdução: adote uma perspectiva ampla do que está acontecendo. Se você analisar as estatísticas para Covid-19, por exemplo, descobrirá que suas chances de adoecer gravemente ou morrer da doença são muito baixas. Por exemplo, em meados de agosto de 2020, havia mais de 5 milhões de casos confirmados de Covid-19 e 170 mil mortes nos Estados Unidos registradas desde o início do surto.[12] Há mais de 300 milhões de pessoas vivendo nos Estados Unidos. Lembre-se, estes são fatos, não medos nem opiniões.

Agora vamos colocar esses fatos em perspectiva. De acordo com o Conselho de Segurança Nacional, suas chances de sofrer um acidente fatal nos Estados Unidos em agosto de 2020 eram 1 em 114.[13] Suas chances de morrer em uma queda nos Estados Unidos durante a mesma época era de 1 em 127. Essas chances eram maiores do que suas chances de pegar Covid-19, mas provavelmente você nunca pensou duas vezes antes de entrar em um carro ou de subir ou descer escadas. E, enquanto suas chances de sofrer um acidente de carro mortal ou uma queda fatal eram maiores do que suas chances de morrer de Covid-19 *se* você foi infectado, não há possibilidade de uma vacina para acidentes veiculares ou quedas, e o risco de morrer de qualquer um deles durará muito mais do que qualquer pandemia. É por isso que perspectiva é tão importante e que os fatos podem ajudar a fornecer.

Uma observação importante: calcular seu risco de saúde não exige passar muito tempo *on-line* fazendo pesquisas no Google ou lendo todos os artigos que encontrar. Vamos discutir como encontrar informações médicas confiáveis com mais detalhes no capítulo 8, mas, em suma, seja seletivo sobre onde você obtém seus dados, assim como um médico faria, contando principalmente com grandes agências de saúde confiáveis, como o Conselho Nacional de Segurança, o CDC, os Institutos Nacionais de Saúde (NIH, sigla em inglês para National Institutes of Health) e a OMS.

Pensar como um médico também significa educar-se sobre uma doença ou uma questão de saúde. "O medo surge da ignorância", como Ralph Waldo Emerson disse,[14] e a melhor maneira de lutar contra a ignorância – e, assim, o medo – é com conhecimento.

No caso de uma doença infecciosa como a Covid-19, você não precisa fazer um curso intensivo em epidemiologia ou ser capaz de aperfeiçoar artigos sobre imunologia ou doenças infecciosas no *The Lancet* com cem por cento de compreensão – você só precisa de um conhecimento básico sobre como os patógenos funcionam. Esse entendimento vai ajudá-lo a passar melhor por qualquer surto ou pandemia, porque, por mais que a pesquisa sobre doenças infecciosas possa mudar diariamente, a patologia básica, não.

Vamos começar com o básico da microbiologia. O que sabemos sobre o coronavírus é que faz parte de uma família de vírus comuns que afetam animais e humanos. Vírus como o coronavírus são um só tipo de micro-organismo que pode causar doenças infecciosas; bactérias, parasitas e fungos também podem infectar humanos e causar doenças. Mas todos esses micróbios agem de maneira diferente no corpo, e não podemos comparar uma infecção bacteriana (como infecções na garganta ou no trato urinário) com uma infecção parasitária (como piolhos ou giárdia), com uma infecção fúngica (como pé de atleta ou micose) ou com uma infecção viral (como Covid-19 ou HIV).

Existem mais vírus do que estrelas no universo conhecido, com trilhões em nosso ar encontrados a qualquer momento. Na verdade, existem cerca de 800 milhões em cada metro quadrado da Terra todos os dias, de acordo com pesquisas.[15] Centenas de famílias de vírus podem infectar humanos, e alguns podem até desempenhar um papel protetor no corpo. Na verdade tem cerca de 38 trilhões de células de vírus em seu corpo agora, enquanto lê isto.[16]

E os vírus que prejudicam os humanos não são todos iguais – existem diferentes meios de transmissão e doenças associadas a cada um.

Alguns vírus, como o HIV, são transmitidos por contato sexual, enquanto outros, como o vírus do Nilo Ocidental, são disseminados por meio de insetos. Vírus como o da hepatite A são transmitidos principalmente por alimentos e água contaminados com fezes. Vírus respiratórios, como o coronavírus e a influenza, são transmitidos principalmente pelo ar e infectam o trato respiratório.

Especificamente na Covid-19, o vírus é transmitido sobretudo por meio de gotículas respiratórias, que são glóbulos microscópicos constituídos por saliva, muco e outro material expelido dos pulmões e do nariz quando as pessoas respiram, falam, riem, cantam, espirram e tossem. Essas gotículas podem permanecer no ar ou se prender a superfícies e sobreviver por várias horas depois de ser expulsas. A doença também pode se espalhar através de partículas pulverizadas. A diferença entre a transmissão através de partículas pulverizadas e gotículas respiratórias é que as primeiras podem viajar mais longe no ar, são menores em tamanho e permanecem por um longo período no ar, por isso são consideradas "presentes no ar" ou pulverizadas. As gotículas, por outro lado, são maiores, viajam a uma distância menor da fonte e tendem a cair no chão mais rapidamente, o que significa que a propagação é mais provável por meio de um contato mais próximo.

As pessoas se infectam com o coronavírus quando respiram as gotículas respiratórias ou as partículas pulverizadas que contêm o vírus. Mas o contato com partículas virais não garante infecção: as pessoas precisam ser expostas à dose infecciosa, ou à quantidade de um vírus necessária para causar a doença, para que o coronavírus se multiplique dentro do corpo e cause a Covid-19. Apesar de a ciência mudar diariamente, não sabemos a dose infecciosa necessária para causar a Covid-19.

O que sabemos, em setembro de 2020, é que o principal modo de transmissão da Covid-19 é mediante o contato direto ou próximo com uma pessoa infectada, definido como menos de um metro e oitenta pelo CDC.[17] No entanto, a distância de cerca de dois metros não é definitiva e pode se tornar maior à medida que a pesquisa progredir. De acordo com o CDC, "quanto mais perto uma pessoa interage com outras e quanto mais tempo essa interação durar, aumenta o risco de propagação de Covid-19".[18]

O coronavírus também pode ser transmitido por meio de transmissão aérea, que ocorre quando as partículas virais permanecem no ar após serem expelidas por um indivíduo infectado. De acordo com a OMS, a transmissão aérea de Covid-19 é mais provável de ocorrer em ambientes fechados lotados ou com ventilação inadequada, como bares, boates e igrejas, onde as pessoas também podem estar falando alto ou cantando, expelindo, assim, mais partículas virais.

O que é menos provável é contrair a doença por meio do que os cientistas chamam de **transmissão por fômite**, que é um termo sofisticado para propagação viral por meio de uma superfície contaminada. Até o momento, não há casos documentados de infecção por Covid-19 pelo toque de uma superfície e, em seguida, levando a mão à boca ou ao nariz, embora o CDC e a OMS reconheçam a possibilidade.[19] Também não há evidências para mostrar que o coronavírus pode se espalhar por sangue, urina, fezes, lágrimas, sêmen ou suor.

Por que todas essas informações são importantes se você não é um epidemiologista? Eu acredito que aprender sobre uma doença acaba com o medo que ela gera e transforma o que pode parecer um mistério assustador em um conjunto de circunstâncias científicas. Nós médicos não temos medo de doenças, mesmo das relativamente novas, como a Covid-19, porque passamos anos estudando patologia básica. Você não precisa passar anos – só precisa de alguns minutos de boa pesquisa sólida. Releia as últimas páginas e procure qualquer coisa que você não conheça ou que seja do seu interesse.

Eu entendo que algumas informações são assustadoras, mas o conhecimento é realmente poder quando se trata de nossa saúde. Não estamos paralisados de medo por causa da gripe – outro vírus, aliás – porque sabemos muito sobre o agente causador e o normalizamos. Você também pode normalizar a Covid-19 aprendendo tudo o que puder sobre ela. Eu ouvi isto de pacientes e também de espectadores: quanto mais eles aprendem sobre a doença, menos a temem.

Confie em seu sistema imunológico

Se você está com medo da Covid-19, sugiro que tente transformar seu medo em fé no sistema imunológico do seu corpo. Como médica, sei que o sistema imunológico humano é simplesmente milagroso. É um dos sistemas biológicos mais complexos do mundo e dizem ser mais poderoso do que qualquer droga inventada até a presente data.[20] Desde que você nasceu, seu sistema imunológico trabalha 24 horas por dia, 7 dias por semana para protegê-lo de milhões de micro-organismos, lutando contra centenas de micróbios nocivos a cada dia sem seu conhecimento. Acreditar no poder do seu sistema imunológico e que ele está fazendo tudo o que pode para manter sua segurança nesse nosso novo normal pode melhorar sua saúde mental enquanto melhora seu bem-estar físico: estudos mostram que ser otimista e esperançoso sobre seus resultados médicos pode aumentar a função imune.[21]

POR QUE MAIS NEM SEMPRE É MELHOR

Quando você tem preocupações com sua saúde, é natural querer tomar todas as precauções possíveis para tentar aliviar sua ansiedade. Mas nem todas as precauções são necessárias ou mesmo eficazes na prevenção de infecção ou doença, e adotar certos comportamentos na presença de alguns patógenos pode até aumentar o risco de adoecer.

No caso da Covid-19, sabemos que precauções como usar uma máscara, manter-se a pelo menos dois metros dos outros (mais longe é provavelmente ainda mais seguro), lavar as mãos com frequência e evitar espaços lotados são maneiras eficazes e até mesmo imperativas, baseadas em evidências, de reduzir o risco de infecção. Todas essas medidas têm baixo risco e benefício muito alto. Mas outras precauções populares, como usar luvas, não têm a ciência para mostrar que ajudam a diminuir o risco de infecção e podem até aumentar suas chances de contrair Covid-19.

Aqui estão algumas precauções comuns a serem evitadas que podem ajudá-lo a viver com mais segurança e com menos ansiedade em nosso normal:

» **Não use luvas.** Já falei sobre isso no ar várias vezes porque é um conceito muito importante: a menos que você seja treinado em técnica estéril e conceitos de contaminação cruzada, a maioria das pessoas não deve usar luvas para se proteger contra a Covid-19. Se você usar luvas, pode aumentar o risco de exposição ao vírus.

As luvas dão às pessoas uma falsa sensação de proteção. Quando você usa luvas em um lugar público, provavelmente toca mais coisas do que normalmente tocaria com suas mãos nuas, incluindo maçanetas, produtos da loja, sua máscara, seu celular, seus óculos, seus cartões de crédito, sua bolsa, etc. Quando você toca em itens não estéreis com luvas, você contamina tudo e espalha mais germes tocando mais coisas.

Os médicos, por outro lado, apenas tocam um paciente e aqueles itens que sabemos ser estéreis usando luvas. Assim que tocamos algo que não é estéril, reconhecemos que nossas luvas foram contaminadas e precisam ser substituídas imediatamente para evitar a transmissão e a exposição de germes.

O leigo não sabe disso. Na realidade, quando você veste luvas em público, você vai para casa, remove-as e (espero) lava suas mãos. Mas, no momento em que você usa suas mãos limpas para tirar a máscara ou pegar seu telefone, seus óculos, sua bolsa ou qualquer outra coisa contaminada por suas luvas, está se expondo a possíveis patógenos – e provavelmente a mais micróbios do que se tivesse tocado esses itens com as mãos nuas.

Outra razão para não usar luvas é que não há casos documentados de Covid-19 sendo disseminada por meio de contaminação de superfícies – repito, é um vírus respiratório que se espalha principalmente através de gotículas respiratórias e partículas pulverizadas. Se você estiver vestindo luvas, mas não uma máscara – uma máscara que cubra sua boca *e* seu nariz –, você está prestando um grande desserviço a si mesmo.

Dicas de segurança vindas da sala de operações

Por ser obstetra-ginecologista, passei muito tempo na sala de cirurgia, realizando cirurgias como histerectomias e cesarianas. Isso significa que sei me manter segura na presença de patógenos possivelmente mortais. Você pode aumentar sua consciência também, aprendendo sobre os princípios básicos da segurança da sala de cirurgia.

Primeiro, as etapas que os médicos realizam para garantir a esterilidade na sala de cirurgia são feitas principalmente para proteger o paciente, não os médicos ou os enfermeiros na sala. A principal razão de os cirurgiões usarem máscaras, por exemplo, é evitar que nossos germes contaminem o paciente, não para evitar nossa exposição a possíveis patógenos.

Os médicos usam luvas no centro cirúrgico para proteger o paciente, não a si mesmos, mas, assim que as vestimos, não tocamos em nada que não esteja estéril, exceto o corpo do paciente. Se nós tocarmos algo, sabemos que nossas luvas estão contaminadas e, portanto, não são seguras. É por isso que os cirurgiões não deixam as mãos enluvadas abaixo do torso – é uma técnica de treinamento que aprendemos para assimilarmos que não devemos tocar em nada usando luvas. Somos tão treinados nesta técnica que pediremos a um enfermeiro na sala de cirurgia para nos coçar, levantar nossos óculos ou ajeitar nossas máscaras.

O mesmo se aplica a mãos limpas: ao contrário do que você vê em *Grey's Anatomy*, os médicos lavam as mãos antes da cirurgia com as máscaras cobrindo o nariz e a boca, não ao redor de seu pescoço. Caso contrário, teríamos que tocar uma máscara não esterilizada depois de lavarmos nossas mãos, o que contaminaria nossas mãos.

Por fim, os cirurgiões não usam todas as peças de equipamento de proteção disponíveis para eles apenas porque podem. Por exemplo, eu poderia usar um capuz esterilizado ou um traje hazmat de proteção, como os que usam agora os viajantes ansiosos de avião, sempre que operasse um paciente, mas fazer isso seria desconfortável, restringiria o movimento, e possivelmente aumentaria o risco de contaminação cruzada.[22]

» **Não higienize sua comida.** O coronavírus é transmitido por meio de gotículas respiratórias ou partículas pulverizadas, não por alimentos ou bebidas. É altamente improvável e não documentado até agora que você possa contrair o vírus porque alguém tocou o sanduíche que você comeu ou respirou perto de suas batatas fritas. Apesar destes fatos, algumas pessoas presumiram erroneamente que se desinfetante é bom para as mãos deve ser bom para outro material orgânico, como comida. Não é verdade: desinfetante para as mãos pode ser venenoso e até fatal quando ingerido, o que infelizmente já aconteceu com vários americanos que morreram após comer alimentos higienizados.

» **Não higienize seus mantimentos.** O CDC nunca recomendou, em nenhum momento, que o público em geral higienize seus mantimentos, e não há nenhum caso documentado de alguém que tenha contraído o vírus de recipientes ou embalagens de alimentos. Mas limpar seus mantimentos com água sanitária pode prejudicar sua saúde de outras maneiras. Estudos mostram que os vapores emitidos pela água sanitária podem desencadear sintomas semelhantes à Covid-19, como falta de ar e tosse; pode agravar a asma e outras doenças pulmonares; e pode aumentar o risco de graves problemas de saúde.[23] Além disso, usar água sanitária em recipientes de alimentos aumenta a probabilidade de contaminar os alimentos com o produto químico tóxico, que pode queimar a pele e é venenoso quando ingerido.

» **Não lave e desinfete ao mesmo tempo.** Muitos espectadores já me perguntaram se é melhor lavar as mãos e depois usar desinfetante como medida de segurança extra. Milhões de americanos já fizeram isso, mas a realidade é que você realmente pode estar prejudicando sua saúde ao fazê-lo.

Água quente, sabão e desinfetante para as mãos ressecam a pele, removendo óleos essenciais e reduzindo sua barreira de umidade natural. Quando você lava e higieniza consecutivamente, você dá à sua pele um tratamento de secagem dupla, deixando suas mãos mais propensas a desenvolver cortes microscópicos. Você não será capaz de ver ou sentir esses pequenos cortes, mas eles fornecem um portal fantástico para micróbios infecciosos, incluindo estafilococo, que podem causar erupções na pele, febre, inchaço e sensibilidade. Você também pode contrair MRSA, um tipo de infecção por estafilococo que pode causar complicações graves. Aqui é onde a perspectiva pode ajudar com a ansiedade em relação à saúde: se você estiver lavando e higienizando as mãos consecutivamente para prevenir a Covid-19 mas acabar no hospital com infecção por MRSA resistente a antibióticos, você fez mais mal a si mesmo do que bem.

» **Não desinfete sua casa constantemente.** De acordo com o CDC, o público em geral deve limpar rotineiramente superfícies tocadas, como maçanetas, puxadores, interruptores de luz e telefones celulares para ajudar a prevenir a propagação do coronavírus. Mas o que significa *rotineiramente*? Eu sugiro limpar as superfícies de alto contato diariamente. Mas não recomendo limpar essas superfícies várias vezes ao dia ou esfregar e desinfetar toda a sua casa diariamente (a menos que alguém em sua casa já esteja doente). Fazer isso é desnecessário e pode exacerbar qualquer ansiedade em relação à saúde que você possa ter.

Além disso, muitos produtos de limpeza domésticos são tóxicos, especialmente aqueles com alvejantes que são capazes de matar o coronavírus. A exposição contínua a produtos químicos encontrados em produtos de limpeza doméstica pode provocar doenças pulmonares e até aumentar o risco de câncer e defeitos de nascença.[24] Para manter a segurança, use produtos de limpeza em ambientes bem ventilados e roupas de proteção e luvas de borracha para proteger a pele da absorção.

Embora a ansiedade pela saúde seja claramente uma questão séria que impacta agora milhões de americanos, não importa quanta ansiedade em relação à saúde você tenha, se pouca ou muita, preocupar-se demais pode deixá-lo doente, tanto física quanto mentalmente. Aproveite o tempo para identificar se os medos em relação à sua saúde estão interferindo no seu bem-estar e seja proativo para mitigar essa ansiedade agora em nosso novo normal – porque a ameaça do coronavírus não vai embora. Ninguém deve viver com medo, e aprender a pensar como um médico pode não só reduzir sua ansiedade, mas também ajudar você a entender melhor seu corpo e a patologia da doença para que a próxima pandemia do mundo não seja tão assustadora.

CAPÍTULO 8

Notícias médicas

No início do surto, quando soubemos que o vírus estava adoecendo centenas na China, os americanos começaram a comprar máscaras faciais, às vezes em grandes quantidades. Na época, o CDC, o cirurgião-geral dos Estados Unidos e eu, juntamente com a maioria dos outros médicos na TV e ao lado de leitos de pacientes, dissemos aos americanos que não precisávamos de máscaras por duas razões: (1) Usamos máscaras principalmente em pacientes doentes para prevenir a propagação viral para pessoas saudáveis, então, a menos que você realmente tenha Covid-19, não precisa de uma máscara, e (2) os Estados Unidos sofriam uma grave falta de máscara que já estava colocando em risco profissionais de saúde. Ninguém queria ver o público, que corria baixo risco de pegar o vírus na época, acabar com o suprimento de máscaras disponíveis no país do mesmo modo como esvaziamos as prateleiras de alvejante e papel higiênico dos supermercados.

Dois meses depois, no entanto, o CDC mudou seu discurso, anunciando que todos deveriam começar a usar coberturas faciais imediatamente quando em público. Essa mudança abrupta confundiu milhões, indignou alguns e deixou muitos se sentindo traídos, tentando entender como o dr. Anthony Fauci ou eu poderíamos tê-los enganado. Eu ainda recebo comentários raivosos de vez em quando por causa disso nas minhas redes sociais.

Então o que diabos aconteceu? A resposta é algo que acontece o tempo todo na medicina, mas geralmente não recebe tanta publicidade: aprendemos algo novo. Ao mesmo tempo, o que já sabíamos não mudou em nada. Deixe-me explicar. Para os médicos, novas informações são conhecidas como progresso, boa ciência e bom remédio. Mas, devido à popularidade do problema e às controvérsias que se originaram dele, essa mudança na orientação ou *insight* passou a ser vista como suspeita, se não incompetência.

Depois que o CDC recomendou que os americanos usassem coberturas faciais, eu fui ao ar na ABC para explicar o porquê. Contei aos espectadores que o conceito por trás do fato de que as máscaras eram para pessoas doentes não tinha mudado – isso era ainda um fato. O que mudou, no entanto, foi que aprendemos que até 45 por cento das pessoas infectadas com Covid-19 não apresentavam sintomas, o que significava que era impossível saber quem estava doente e quem não estava. Em outras palavras, tínhamos que supor que todos poderiam estar doentes. Também havia falta de máscaras cirúrgicas, razão pela qual o CDC aconselhava as pessoas a usar coberturas faciais, e não máscaras cirúrgicas nem máscaras N95.

O CDC, no entanto, não explicou que a mudança se baseava em novas informações sobre a propagação assintomática, infelizmente. No mesmo dia, o CDC anunciou suas novas diretrizes, e o presidente Trump disse aos americanos que não usaria máscara, o que aumentou o nível de confusão do país.[1] De certa forma, acho que essa rejeição pessoal das recomendações do CDC foi para mostrar que "pessoas fortes" não precisam usar máscaras e que uma máscara era para a proteção de quem a usa, quando a realidade, naquela época, era que o CDC estava recomendando máscaras principal mente para a proteção dos outros. Além disso, afirmações falsas – como o CDC acreditar que coberturas faciais de pano não eram eficazes, que máscaras causariam deficiência de oxigênio ou podiam levar à intoxicação por dióxido de carbono e que a agência estava realmente escondendo uma cura secreta do vírus – começaram a se espalhar como fogo na mata, confundindo ainda mais as pessoas e complicando a mensagem.

A moral da confusão da máscara é que é fundamental saber como interpretar notícias médicas e ser capaz de separar os fatos da crescente quantidade de boatos em nosso novo normal. Por décadas, os americanos têm se esforçado para entender as notícias de saúde e interpretar as manchetes sobre assuntos médicos. Não é porque eles não sejam inteligentes o suficiente ou porque não têm educação adequada. Na verdade, as notícias médicas costumam ser emocionalmente ameaçadoras, pessoalmente impactantes e mudam constantemente. Isso é muita coisa para revelar em um único artigo ou segmento em apenas 400 palavras ou durante 20 a 120 segundos de duração. Além disso, nem todos os médicos, por mais competentes que sejam na sala de operações ou ao lado de leitos de pacientes, conseguem passar informações de maneira eficaz.

Na era da pandemia, ficou ainda mais difícil entender notícias médicas – e muito mais fácil cair em manchetes e alegações falsas. Um projeto de pesquisa conjunto da Franklin Templeton-Gallup descobriu que muitos americanos estão mal informados, com uma "grosseira percepção equivocada sobre o risco da Covid-19– resultados que os pesquisadores chamam de "impressionantes" e "chocantes".[2] Esse profundo grau de confusão pode ser prejudicial ou até mortal.

Meu trabalho como médica correspondente da ABC News é explicar notícias médicas complexas, muitas vezes emocionalmente pesadas para o público. Eu faço isso na rede nacional de TV há quinze anos, mas, desde que o surto de Covid-19 começou, tenho feito isso quase diariamente. Por executar isso há tanto tempo, posso dizer com certeza que o ecossistema em torno das notícias médicas mudou drasticamente em nosso novo normal, como vimos um aumento sem precedentes na desinformação sobre saúde e ciência. Essa infodemia tornou mais essencial saber ler e entender bem todas as manchetes médicas.

Semelhante ao que acontece na medicina e na ciência, as manchetes podem sugerir algo que parece diretamente contraditório ao que costumávamos pensar. Se presumíssemos saber tudo na medicina e nunca fizéssemos novas exploração, análise e consideração de nossa hipótese original, nunca aumentaríamos nosso conhecimento. Se não permanecêssemos com a mente aberta para ver as coisas de forma diferente, aprender algo novo e mudar nossas recomendações, ficaríamos presos na idade das trevas na questão médica e científica. A capacidade de interpretar novos dados ou manchetes e integrar novas informações é uma característica da mente científica. Reconhecer o que é conhecido e também o desconhecido é a marca da integridade intelectual. Não é preciso ter todas as respostas sempre; às vezes também é preciso fazer as perguntas certas. E, quando você souber ler as manchetes, será capaz de navegar melhor na era da pandemia e decifrar qualquer informação importante sobre sua saúde no futuro.

QUANDO O EXCESSO DE INFORMAÇÃO SE TORNA UMA PANDEMIA

O coronavírus tem sido maléfico de várias maneiras, destruindo o mundo como sem dúvida nenhuma outra ameaça médica, política ou social o fez.

Mas o vírus não é o único inimigo que enfrentamos em nosso novo normal. A quantidade de desinformação gerada pela pandemia também tem sido devastadora, como alegações falsas, tratamentos não comprovados e teorias de conspiração que se espalham tão amplamente quanto o próprio vírus.

Em determinado ponto, 80 por cento de todos os americanos foram expostos a notícias falsas sobre o vírus, de acordo com o Pew Research Center.[3] Uma equipe de pesquisadores internacionais descobriu mais de

2.300 relatos de rumores, estigmas e teorias da conspiração em 25 línguas e 87 países, concluindo que falsas afirmações levaram a 800 mortes e milhares de hospitalizações apenas nos primeiros três meses do surto.[4]

Hoje, "não estamos apenas lutando contra uma epidemia; estamos lutando contra uma infodemia".[5] Essa é uma citação do diretor-geral da OMS, que recentemente realizou a primeira conferência em resposta à infodemia. A OMS define uma infodemia como "superabundância de informações, algumas precisas e outras não, ocorrendo durante uma epidemia".[6] Não importa como você queira chamá-lo, esse ataque de desinformação tem perturbado profundamente a OMS, junto com médicos em todo o mundo, incluindo eu.

Como médica e principal correspondente médica de uma importante rede nacional de notícias, estive na linha de frente na luta contra a desinformação de pacientes e espectadores por meses. Tenho aparecido na TV quase todos os dias para contar a milhões de americanos, de forma sucinta, com precisão e honestidade, o que sei e não sei sobre a pandemia.

Nunca antes, no entanto, observei tantas pessoas fazendo as mesmas perguntas, não entendendo as notícias e se sentindo confusas ou sendo enganadas por informações relacionadas à pandemia. As estatísticas reforçam essa observação: enquanto 86 por cento dos americanos dizem que seguem as notícias sobre a pandemia "muito de perto", quase 40 por cento dizem que está ficando cada vez mais difícil saber o que é verdade ou mentira sobre o vírus, de acordo com o Pew Research Center.[7]

Embora alguns possam admitir que não conseguem distinguir o fato da ficção quando se trata da Covid-19, isso não impediu muitos de confiarem em imprecisões e alegações potencialmente prejudiciais. Na verdade, até 25 por cento de todos os americanos acreditam em notícias falsas sobre o vírus, de acordo com a *Scientific American*, e até 60 por cento identificam informações corretas como falsas ou não conseguem definir se são verdadeiras.[8] Talvez ainda mais perturbador: um terço de todos os americanos que ouviram a teoria da conspiração de que a pandemia foi planejada acham que é verdade, de acordo com o Pew Research Center.[9]

Não é por falta de inteligência que as pessoas não entendem as informações médicas ou acabam acreditando em desinformação, mesmo em material tão ultrajante quanto muitas teorias da conspiração envolvendo a Covid-19. O baixo nível de alfabetização em saúde tem sido um problema há décadas, abrangendo nível de educação, classe socioeconômica, partido político e etnia. Como médica, tenho visto muitos pacientes altamente inteligentes que simplesmente não conseguem analisar, integrar ou mesmo processar informações médicas.

Muitas pessoas têm dificuldade em lidar com notícias médicas porque elas representam uma ameaça emocional, uma vez que a informação pode afetá-las pessoal e profundamente. No caso da Covid-19, as notícias médicas podem significar literalmente a diferença entre vida e morte. É uma imensa pressão para obter a informação certa. E, quando nos sentimos sob pressão, intimidados ou com medo, também é fácil ficar confuso.

Esses fatores – baixo nível de instrução em saúde e uma questão médica altamente emocional – fizeram com que o público americano, na era da pandemia, estivesse em forte desvantagem. Adicione a isso algumas características exclusivas da Covid-19, e é fácil ver por que a desinformação está tão grande nosso novo normal.

A Covid-19 é uma doença nova e complicada que até mesmo os médicos têm tido dificuldades para entender. Mesmo se esmiuçarmos a complexidade da Covid-19, poucos americanos compreendem os princípios básicos da doença infecciosa. A pandemia forçou o público a aprender um novo léxico de termos epidemiológicos, como "comorbidades", "transmissão comunitária" e "EPIs", que nunca fizeram parte do vocabulário do nosso dia a dia.

Bons dados sobre a doença também chegaram de forma sem precedentes, pois o que sabemos sobre o vírus muda quase diariamente.

Isso causou um certo grau de chuva de desinformação. Por exemplo, enquanto muitos estavam obcecados por desinfetar superfícies no início, depois que aprendemos mais sobre como o vírus se espalha, o CDC afirmou que a transmissão por fômite – infecção através de superfícies contaminadas – não era o principal meio de propagação viral. Essa descoberta deixou muitas pessoas confusas e se perguntando por que passaram semanas cobrindo suas casas e seus mantimentos com desinfetante.

Dados complexos e em rápida evolução por si sós não instigam uma infodemia, no entanto. A oferta vem na esteira da demanda, e em nosso novo normal exigimos mais notícias médicas do que nunca. Quer queiramos assistir ou não, notícias sobre a pandemia tornaram-se essenciais: não podemos exatamente fechar os olhos em relação à determinação de uso de máscara em nossa área ou a uma nova vacina que possa nos proteger de doenças graves. Isso torna o noticiário médico diferente de outros segmentos de mídia, como economia, política e esportes, pois você pode ignorar todos eles se não estiver interessado em saber como estão os mercados, quem está fazendo *lobby* por qual partido ou qual time está ganhando o jogo.

Um problema geralmente surge, no entanto, sempre que a demanda supera a oferta: todos os tipos de fornecedores aparecem magicamente para preencher as lacunas. Isso deu voz a muitas pessoas com uma caneta ou um púlpito que começaram a dar "notícias", independentemente de terem qualquer credibilidade jornalística ou conhecimento médico. Hoje, tais "especialistas" agora interpretam estudos complexos e divulgam aconselhamento médico, mesmo sendo o diretor de marketing de uma empresa de tecnologia ou um funcionário de campanha de um candidato político ou de um partido. Um meio de comunicação até sugere pesquisar "Não sou epidemiologista, mas..." no Twitter para ver quantas pessoas agora dão conselhos médicos.[10]

Infelizmente, os próprios políticos, junto com algumas organizações governamentais, também contribuíram para a infodemia, espalhando desinformação, que é informação falsa ou propaganda compartilhada deliberadamente para ganho pessoal ou político. Por exemplo, a inteligência militar russa eliminou notícias da pandemia em sites de língua inglesa, conforme divulgado pela Inteligência dos Estados Unidos,[11] enquanto a Comissão Europeia acusa a China de espalhar desinformação dentro da União Europeia.[12] Vários políticos americanos também fizeram ou apoiaram falsas alegações, transformando o vírus em uma arma política e aumentando o potencial de desconfiança do país. Além do mais, nem todas as pesquisas, mesmo as que aparecem em revistas médicas importantes, se baseiam em ciência válida. Por exemplo, um comentário publicado em setembro de 2020 no *The New England Journal of Medicine* sugeriu que as pessoas são capazes de imunizar-se contra o coronavírus usando máscaras, com a percepção de que as máscaras expõem as pessoas a uma pequena quantidade do vírus por vez quase como uma vacina faria.[13] O comentário recebeu muita atenção, mas, embora o *The New England Journal of Medicine* seja uma publicação muito confiável, a premissa do comentário é simplesmente falsa.

Outro exemplo: uma equipe belgo-holandesa de pesquisadores publicou um estudo que posteriormente se tornou viral, sugerindo que os corredores e os ciclistas podem espalhar Covid-19 a mais de dois metros de distância, defendendo que as pessoas fiquem até 10 metros atrás de corredores e até 20 metros atrás daqueles que pedalam com força.[14] O "estudo" foi publicado pela própria empresa e baseado em modelo de computador, não em pesquisa real, mas ainda espalhou medo em milhões e fez com que muitos parassem de fazer exercício ao ar livre.[15] Os pesquisadores admitiram mais tarde que suas descobertas foram exageradas.[16]

É por isso que importa muito onde você obtém as notícias médicas hoje em dia, ou, mais especificamente, de quem você receberá suas notícias a partir de agora. Na nova era da infodemia, o mensageiro se torna tão importante quanto a mensagem. Porque, se você não pode confiar no mensageiro, provavelmente também não pode confiar na mensagem.

REAVALIE SUAS NOTÍCIAS MÉDICAS

Se você já desconfia de tudo o que está lendo e ouvindo sobre o vírus – ou pesquisar sobre a pandemia faz com que você agora pense duas vezes ao ouvir notícias médicas –, quero que saiba que é importante não desistir da medicina ou da mídia. Eu realmente acredito que a maioria dos profissionais da medicina e mídia estabelecida deseja ajudar as pessoas, não enganá-las com notícias falsas ou ciência ruim. Mas você tem que fazer um pouco de trabalho braçal para ter certeza de que está recebendo suas notícias de uma fonte confiável.

Quando você vir ou ler notícias médicas, comece perguntando a si mesmo quem, o que, onde e como: quem está dando as notícias, o que estão dizendo, de onde conseguiram as informações e como foram determinadas. Você tem que analisar as notícias com cuidado para entender o que está realmente consumindo e se é válido.

Concentre-se primeiro no *quem*

Entre o quem, o que, o onde e o como, o mais importante quando se trata de notícias médicas, na minha opinião, é o *quem*: Tendo o *quem* certo, todos os outros fatores geralmente se encaixam.

A razão pela qual reforço tanto o *quem* é porque eu não só amo o que faço, como também percebo quanto está em jogo. Sempre que eu dou informações médicas, não são apenas a saúde das pessoas e as vidas que estão em jogo, mas também a confiança delas. Quando notícias médicas não são comunicadas com precisão ou eficácia, as pessoas perdem a fé na medicina ou na mídia completamente. Esse desenvolvimento, se sustentado ao longo da vida de alguém, pode ser desastroso.

Aqui estão sete etapas para ajudá-lo a determinar o melhor "quem" para guiá-lo em nosso novo normal:

1. **Peça credenciais.** As credenciais estabelecem credibilidade, e é por isso que você deve investigá-las imediatamente em quem fornece notícias médicas. Nem todo mundo está qualificado para interpretar e apresentar informações médicas complicadas, e os graus de compreensão podem variar muito dependendo das qualificações de quem as transmite. Você prefere receber suas notícias médicas, por exemplo, de quem trabalha dando notícias de esportes em meio período ou de um médico com dez a vinte anos de experiência? Da mesma forma, você prefere ouvir um epidemiologista falar sobre doenças infecciosas ou um psiquiatra ou veterinário? Você prefere ler uma matéria escrita por um jornalista médico que escreve extensivamente sobre saúde e cuidados com a saúde ou por um repórter júnior que também se interessa por entretenimento?

   Em geral, clínicos-gerais têm uma melhor compreensão de informações médicas do que aqueles que não são clínicos-gerais. Às vezes as pessoas me perguntam como uma ginecologista-obstetra pode dar notícias médicas que tratam de câncer, Covid-19 ou doença pulmonar obstrutiva crônica (DPOC). É uma boa pergunta. A resposta é simples: na faculdade de medicina, os médicos aprendem sobre todo o corpo humano e todas as especialidades. Nós não nos especializamos apenas em uma parte do corpo ou um grupo de partes do corpo; precisamos entender todo o corpo para entender como ele se conecta a determinada parte ou grupo. No entanto, como sou certificada pelo conselho em uma especialidade, eu sempre – repito, sempre – discuto casos com colegas e especialistas nos respectivos campos que eu cubro. Pense nisso como ser um intérprete da língua de um país estrangeiro, e essa linguagem é a medicina.

Mas nem todos os médicos são comunicadores competentes e podem transmitir informações ao público de maneira que seja compreensível, impactante e capacitadora. Isso não tem nada a ver com a base de conhecimento de um médico, o nível de inteligência ou a experiência clínica. Você pode ser o médico mais inteligente da sala, mas pode não ter jeito para passar informações com forte carga emocional para um público leigo. Você pode refletir sobre isso ao pensar em médicos que cuidam de pacientes acamados: alguns conseguem e outros, não.

Uma coisa que me torna uma comunicadora de sucesso e me ajudou a alcançar a posição de médica correspondente em uma grande emissora é porque falo *com* os espectadores – não falo **para** eles e nunca de modo professoral. Eu falo da mesma forma no ar como falo na minha prática médica. Em outras palavras, eu não brinco de ser médica na TV. Tenho pacientes reais que dependem de mim e falo com eles sobre questões complexas de um modo que eles possam digerir. Da mesma forma, sempre tento tornar minha fala fácil de entender e de assimilar e não acredito que isso torne as notícias empobrecidas. Eu gosto de dizer às pessoas o que sei e o que não sei para que elas tenham todas as informações para serem capazes de tomar suas próprias decisões.

2. **Analise o canal.** Em geral, quanto maior e mais prestigiado um meio de comunicação, maior será o escrutínio de quem trabalha para ele, tanto externa quanto internamente. Eu trabalho para a ABC News, por exemplo, que é assistida por milhões de pessoas, incluindo milhares de médicos, especialistas de agências e

pesquisadores. Se eu errasse a informação, não teria trabalho. Há também supervisão interna de todas as notícias que dou, com uma equipe de editores médicos e advogados verificando os fatos antes de irmos ao ar.

3. **Separe os profissionais dos amadores.** Responsabilidade é essencial. Quando seu trabalho é aparecer no ar regularmente ou escrever com frequência para uma publicação nacional, você tem uma reputação a zelar. Você precisa acertar – sempre –, ou pode perder seu emprego. Jornalistas médicos consagrados que dão notícias regularmente também sabem que linguagem usar e não se envaidecem por terem uma câmera na frente de seu rosto, nem com a oportunidade de aparecer em uma grande revista, como pode acontecer com amadores. Correspondentes regulares também não podem ir embora quando querem.
4. **Fique atento a citações de fontes.** Bons jornalistas médicos divulgam de onde obtêm suas informações, seja de um novo estudo, uma organização de saúde ou outro especialista ou médico, ou dizem se é sua opinião profissional. No *Good Morning America*, qualifico o que digo usando frases como "na minha opinião" ou "o CDC recomenda". Se eu falei com outro médico para obter uma opinião, identifico essa pessoa por nome e credenciais se o tempo de transmissão permitir. Se minhas informações forem baseadas em pesquisas, esclareço onde esse estudo foi realizado ou publicado. Dessa forma, os espectadores podem avaliar ou determinar se a informação é legítima (veja mais sobre como fazer isso nas páginas 198-200).
5. **Pense na motivação.** Jornalistas médicos não devem estar motivados por objetivos pessoais ou profissionais, mas infelizmente pode acontecer – e mais ainda agora na era infodêmica. Por isso é tão importante examinar os títulos de uma pessoa e verificar se ela dá as notícias regularmente e cita suas fontes, duas características que

as pessoas com segundas intenções não costumam ter. Também fique atento a quem fala em extremos – se algo parece muito parcial, provavelmente é –, parece muito entusiasmado ou não usa palavras simples, mas essenciais, como "pode", "talvez" e "possivelmente".

6. **Ignore os fanfarrões.** Ninguém sabe tudo na medicina e na ciência, e pessoas com integridade profissional não têm nenhum problema em admitir isso. Se alguém finge saber tudo ou mesmo a maioria das coisas na medicina, você está ouvindo o mensageiro errado. Dizer aos espectadores o que eu sei e o que eu não sei também deixa muito claro quais áreas de informações têm limitações e podem precisar ser analisadas com cautela.
7. **Encontre alguém que não apenas relate, mas também explique.** Uma coisa é explicar a notícia, outra é ligar os pontos para garantir que espectadores e leitores entendam como as notícias podem afetá-los. Procure um jornalista que perceba que as notícias médicas podem ser pessoais e emocionais e seja capaz de tratar você como uma pessoa, não como uma estatística ou um espectador impessoal.

Onde não obter notícias médicas

Agora você sabe onde obter notícias médicas - ou melhor, de quem obtê-las. Mas onde você não deve procurar informações médicas confiáveis? É muito simples: fique longe das redes sociais, incluindo Facebook, Twitter, YouTube, WhatsApp, Instagram e TikTok. A maioria da desinformação difundida sobre a pandemia até o momento ocorreu nessas plataformas, de acordo com pesquisas.[17] Publicações mentirosas também têm maior chance de se tornarem virais nas redes sociais e podem ser vistas, curtidas ou compartilhadas por milhões de pessoas.[18]

O Facebook, em particular, provou ser um grande viveiro de desinformação sobre a pandemia.[19] Em agosto de 2020, essa rede revelou que já havia removido 7 milhões de postagens contendo falsas informações sobre o vírus, incluindo algumas alegações sobre falsos tratamentos preventivos e curas.[20] Os esforços para conter a desinformação também não foram eficazes com o grupo Avaaz, sem fins lucrativos, ao descobrir que 40 por cento da desinformação sobre o coronavírus permaneceu no Facebook depois que os administradores foram alertados de que as alegações eram falsas.[21]

Conclusão: Não obtenha notícias médicas nas redes sociais. Se você vir um artigo ou uma premissa interessante, busque a fonte ou pesquise em sites oficiais ou artigos científicos para saber mais. Além disso, pense duas vezes antes de compartilhar ou curtir postagens sobre a pandemia e não tenha medo de entrar em contato com os administradores da plataforma sempre que achar que uma matéria ou um relato podem estar espalhando informações incorretas.

Avaliando o que, onde e como

Embora seja extremamente importante saber quem dá a notícia, é fundamental aprender como avaliar as notícias por conta própria e ser capaz de detectar informações falsas ou exageradas. Aqui estão dez perguntas a serem feitas sobre qualquer notícia para ajudá-lo a avaliar as informações médicas e descobrir a verdade por trás das manchetes:

1. **Você de fato assistiu ou leu?** Manchetes, introduções feitas pelo âncora e legendas eletrônicas em segmentos de TV às vezes são preparadas mais para vender a história do que para contar a história. Por isso é tão importante nunca aceitar algo como parece – você tem que assistir ao segmento de perto ou ler a história inteira. Isso pode parecer óbvio, mas em nossa era de distúrbio de déficit de atenção e notícias rápidas, poucas pessoas realmente perdem tempo para terminar uma notícia ou prestar muita atenção a um segmento de televisão inteiro.

   Caso em questão: o Pew Research Center descobriu que as pessoas gastam menos de um minuto lendo artigos de notícias com menos de 999 palavras e menos de dois minutos na leitura de artigos de 1.000 a 4.999 palavras[22] – que não são longos o bastante para compreender um tópico novo ou complexo. Se um título de uma matéria ou uma introdução do âncora cativar você, reserve um tempo para ler tudo ou escute atentamente sem fazer várias coisas ao mesmo tempo. Com informações médicas, o diabo está frequentemente nos detalhes, e nuances ou sutilezas podem ser de vital importância.
2. **O título é baseado em novas informações?** Nova informação está no cerne da medicina e da ciência – sem ela, estaríamos parados diagnosticando doenças com base em critérios desatualizados, tentando entender como uma infecção ou uma doença ocorrem dentro do corpo e prescrevendo medicamentos ou tratamentos que podem não funcionar tão bem como outros. Embora possa parecer enervante quando uma nova informação muda a orientação recomendada ou algum padrão de atendimento, é importante perceber que é assim que a boa medicina pode funcionar e funciona. Sempre que você ouvir notícias de saúde surpreendentes, em que a orientação médica ou a mensagem mudou, pergunte-se se ela se baseia em

novas informações ou em evidências que médicos ou pesquisadores não conheciam antes. Nesse caso, faça as adaptações.

3. **Qual é a origem da manchete?** Novas pesquisas costumam ser noticiadas, mas nem todos os estudos são realizados com a mesma abrangência e o mesmo rigor. Em geral, agências nacionais de saúde, grandes hospitais ou centros médicos, além das principais instituições acadêmicas, têm o tipo de maquinário e equipe necessária para conduzir pesquisas de grande qualidade. É por isso que estudos realizados na Harvard Medical School ou na Cleveland Clinic, por exemplo, tendem a ter maior peso do que a pesquisa realizada por uma pequena faculdade sem uma escola de medicina, um pequeno centro médico ou uma equipe de médicos sem afiliação estabelecida. Tenha em mente, também, que quase qualquer pessoa pode realizar um estudo e contratar uma equipe publicitária para divulgar as informações à mídia, e é por isso que vale a pena ter discernimento em relação às origens das notícias médicas.
4. **Quantos meios de comunicação estão divulgando a mesma notícia?** Grandes emissoras e publicações podem obter informações erradas de tempos em tempos. Mas é improvável que várias grandes emissoras ou publicações recebam as mesmas informações erradas ao mesmo tempo e da mesma maneira. Compare matérias, leia ou assista com atenção e procure sutilezas ou variações na explicação.
5. **A manchete é uma correlação ou uma causa?** Correlação não implica causalidade, e associação não é equivalente a causa e efeito. Ambas são a regra nº 1 da metodologia estatística e científica – e por isso artigos que afirmam que certos alimentos aumentam a imunidade são geralmente imprecisos (veja a página 101 para saber mais sobre isso). Funciona assim: quando um pesquisador observa que uma pessoa aumentou sua imunidade depois de comer uma laranja, por exemplo, essa correlação não é a mesma que o

pesquisador que é capaz de mostrar que as laranjas melhoram a imunidade por meio dos canais X, Y ou Z. Se essa distinção não fosse tão importante, poderíamos todos acreditar que tomar sorvete aumenta o risco de sermos atacados por um tubarão, uma vez que ambos têm mais chances de ocorrer em dias quentes e ensolarados.

Esse entendimento pode ajudá-lo em uma pandemia, fornecendo uma maneira de separar fatos de possibilidades não comprovadas. Vamos usar o exemplo do chamado "dedo do pé da Covid", ou os dedos dos pés inchados e vermelhos que os médicos começaram a notar em uma pequena porcentagem de pacientes com diagnóstico de Covid-19. Muitas pessoas supuseram que o dedo do pé da Covid era outro sinal da doença, mas, se você aplicar o teste de correlação *versus* causalidade, descobrirá que esse dedo da Covid foi simplesmente associado ao vírus, não necessariamente causado por ele. Conforme os testes para o vírus ficaram mais precisos, os pesquisadores descobriram que muitos pacientes com dedo do pé da Covid não receberam resultado positivo no exame da doença, levando-os a teorizar que dedos inchados e vermelhos podem ser uma consequência em pessoas que usam sapatos com menos frequência por passarem mais tempo dentro de casa.[23]

6. **Existe um possível conflito de interesses?** Muitos estudos interessantes são realizados ou financiados por empresas farmacêuticas, fabricantes de equipamentos médicos, grupos da indústria ou outras empresas com interesses ocultos. Isso não significa que o estudo está corrompido ou inválido, mas você deve levar possíveis conflitos de interesse em consideração quando pensa nas conclusões feitas pela pesquisa.
7. **A manchete parece boa demais para ser verdade?** Quando algo parece bom demais para ser verdade, geralmente é. Por exemplo, muitas manchetes anunciavam curas caseiras para a Covid-19 no

início do surto. Embora algumas possam parecer ridículas agora, isso não impediu muitas pessoas altamente inteligentes de pensar que elas poderiam evitar o contágio do vírus fazendo gargarejo com água salgada morna, por exemplo – um mito antigo inventado nas mídias sociais.[24]

8. **As Informações por trás da manchete foram revisadas por pares?** No novo normal, a informação médica surge em um ritmo tão rápido que nem sempre é revisada por pares antes de se tornar uma manchete importante na mídia. A pesquisa revisada por pares significa que uma equipe de médicos e cientistas analisou o estudo para ter certeza de sua metodologia e que as conclusões foram bem conduzidas e de maneira lógica. Você pode pensar em revisão por pares como o *American Idol* para medicina: os especialistas julgam o estudo e o liberam para ser publicado, rejeitam-no ou solicitam revisões, ajudando a garantir o controle de qualidade. Se as notícias que você está recebendo são baseadas em pesquisas que ainda não foram revisadas por pares, isso não descarta a informação, mas você deve analisá-las com cuidado. Além disso, procure a diferença entre um estudo e um comentário. Comentário – como, por exemplo, o artigo no *The New England Journal of Medicine* que defendia que as máscaras poderiam ser uma espécie de vacina – significa opinião, não ciência.
9. **Qual é o tamanho da amostra?** Há uma grande diferença entre notícias emocionantes baseadas em um estudo de 30 mil pessoas e notícias empolgantes concluídas a partir de uma amostra de 30. Em geral, quanto mais pacientes estiverem envolvidos em um estudo clínico ou revisão observacional, maior será a probabilidade de os resultados serem precisos. Uma grande amostra dá poder estatístico aos estudos e evita o risco de os resultados serem alcançados ao acaso. Isso não quer dizer que um estudo realizado com 30

pessoas não seja interessante ou que não valha a pena relatar, mas ninguém deve tomar decisões sobre sua saúde ou um padrão de cuidados com base em uma amostra muito pequena.

10. **O tamanho da amostra se aplica a você?** Aqui está algo que acontece muito na era infodêmica: as pessoas tiram conclusões gerais sobre uma doença com base em estudo realizado em um grupo demográfico único. Na medicina, você não pode comparar populações com genética e estilo de vida potencialmente diferentes. Por exemplo, o modo como o coronavírus atinge as pessoas na China pode não se traduzir diretamente em como afeta os americanos. Não deixe de avaliar os detalhes demográficos quando você ouve ou lê notícias médicas e não tire conclusões entre populações únicas automaticamente.

AVALIAÇÃO DE MANCHETES SOBRE NOVAS DROGAS, DISPOSITIVOS E VACINAS

Poucas histórias têm a capacidade de impactar sua saúde como aquelas que detalham um novo medicamento, um novo dispositivo ou uma nova vacina. Agora que passamos mais de um ano na pandemia do coronavírus, podemos esperar por mais notícias médicas sobre vacinas e tratamentos para Covid-19 – e pode pensar nisso como a próxima fronteira para notícias falsas. É também o Velho Oeste para a ciência ruim, já que alguns pesquisadores – ou os países ou as corporações que os apoiam – podem ter algo a ganhar política ou financeiramente, publicando resultados prematuros ou não corroborados sobre novos medicamentos ou vacinas. É por isso que essas histórias sobre tratamentos, dispositivos e vacinas são, muitas vezes, aquelas com maior chance de ser sensacionalistas ou de incluir imprecisões. Veja como chegar à verdade das manchetes sobre novos tratamentos e tentar determinar se um novo medicamento, dispositivo ou vacina pode ser adequado para você:

1. **Determine a linha do tempo.** Quando você ouve sobre um novo tratamento, a primeira pergunta a fazer é quanto falta para ele ser aprovado. Se alguém está exaltando uma droga que nao foi testada em seres humanos, vai demorar um tempo até que o tratamento seja disponibilizado ao público. Veja se o artigo que você está lendo ou o segmento que está assistindo inclui informações sobre a data de lançamento – senão, provavelmente não é um local confiável para obter notícias médicas, já que a meta de todos os jornalistas médicos responsáveis deve ser educar, não alimentar falsas esperanças.
2. **Saiba mais sobre o acompanhamento.** A duração de um estudo pode dizer muito sobre o *hype* em torno de uma manchete. Em geral, quanto mais tempo os pesquisadores estiverem estudando um medicamento ou um dispositivo, mais eles saberão e entenderão sobre seus possíveis resultados, tanto os favoráveis quanto os adversos. Se pesquisadores ou jornalistas estiverem tirando conclusões definitivas sobre um medicamento ou um tratamento com base em um estudo de seis meses, você deve manter certo ceticismo.
3. **Faça uma lista de riscos e benefícios.** Se você está curioso para saber se um novo medicamento, dispositivo ou vacina pode ser adequado para você, o primeiro passo é falar com um médico ou outro profissional de saúde qualificado. Eles são sua melhor e mais confiável fonte de informação precisa.

   Ao consultar um médico, há também quatro perguntas que você pode fazer que o ajudarão a tomar uma decisão sobre se um novo medicamento, tratamento ou vacina pode ser adequado para você:

- Quais são os riscos de fazer isso?
- Quais são os riscos de não fazer isso?
- Quais são os benefícios de fazer isso?
- Quais são os benefícios de não fazer isso?

No caso de uma vacina para a Covid-19, os riscos da vacinação podem incluir efeitos colaterais leves. Os riscos de não ser vacinado podem incluir uma possível infecção, doença grave e/ou morte pela doença, bem como eventual transmissão a outros. Os benefícios da vacinação podem incluir possibilidade reduzida de infecção, doença grave, morte e transmissão, juntamente com a possível paz de espírito e a capacidade de participar de atividades públicas ou sociais que exijam vacinação. Os benefícios de não ser vacinado podem incluir não experimentar efeitos colaterais relacionados à vacina. Uma análise de riscos e benefícios geralmente pode ajudar a esclarecer a confusão ou acalmar o barulho em torno de decisões médicas possivelmente controversas.

Uma pandemia, por sua natureza, é um momento incrivelmente desafiador. Se você não entende as informações ou não consegue encontrar fontes confiáveis para as notícias médicas, as consequências podem ser graves. Por outro lado, aprender a encontrar fontes confiáveis e interpretar manchetes médicas pode ajudá-lo a viver com mais inteligência e segurança em nosso novo normal. Com essas habilidades, vai ficar mais fácil para você falar com médicos e entender as preocupações médicas que pode enfrentar no futuro. É como aprender algumas palavras em outro idioma antes de viajar para um país estrangeiro: nosso novo normal é estranho para todos nós, e, quanto mais cedo pudermos nos ajustar à paisagem, mais fáceis serão a adaptação e o desenvolvimento.

CAPÍTULO 9

Família e amigos

Em tempos pré-pandêmicos, interagíamos com amigos e familiares como, quando e onde queríamos. Hoje, em nosso novo normal, nossos amigos são todos possíveis ameaças de patógenos, e a família se divide em dois grupos: aqueles que tememos infectar, como nossos pais, avós e bebês recém-nascidos, e todos os outros, que tememos que nos infectem.

Nunca antes tivemos que examinar nossos relacionamentos mais próximos tão cuidadosamente, avaliando os comportamentos de saúde e tolerância ao risco a fim de tomar decisões difíceis sobre quem veremos e não veremos. Nos anos a.C. (antes do coronavírus), tínhamos grupos de amigos e parentes. Agora temos grupos de pandemia, pequenos círculos independentes de pessoas com quem nos relacionamos exclusivamente. Julgamos os outros com base no fato de eles usarem uma máscara ou não e nos preocupamos em dividir a cama com um cônjuge ou um parceiro que vai ao escritório ou ao bar lotado. Sofremos para decidir se devemos visitar nossos pais idosos e nos preocupamos sem saber se devemos permitir que nossos filhos frequentem um playground ou participem de uma festa de aniversário. Tememos até que nossos cães e gatos possam ficar doentes ou nos deixar doentes.

Essa é uma maneira totalmente nova de pensar. A maioria de nós nunca teve que avaliar a saúde e os comportamentos diários de cada pessoa que encontra. Isso aconteceu de certo modo no auge da epidemia de HIV, quando todo parceiro representava um possível perigo e era imperativo tomar precauções, confiando na pessoa com quem estávamos.

Hoje estamos tomando precauções semelhantes, mas a ameaça não é mais compartilhar a mesma cama, é compartilhar o mesmo espaço, o mesmo ar também. Todo mundo se tornou o paciente zero, quando olhamos desconfiados para familiares e amigos, perguntando a nós mesmos por onde eles estiveram, com quem estiveram e se estão sendo cuidadosos. Parece muito com as DSTs, só que o nervosismo, a ansiedade emocional, o julgamento e o estigma estão todos presentes desta vez.

Claro, também existe preocupação. Muitos tiveram que colocar a saúde dos outros na frente de suas próprias conveniências ou necessidades. Isso é uma coisa linda de ver em nosso novo normal, mesmo que sejam necessários alguns sacrifícios dolorosos às vezes.

Estou em uma posição única como médica, mas ainda tomo decisões desafiadoras diárias sobre como interagir com familiares e amigos. Meus pais, por exemplo, têm 80 anos, são saudáveis e têm um círculo social restrito. Eles não estão encontrando muitas pessoas, o que é uma grande mudança para eles, mas ainda me encontram – e eu vou para o meu escritório, atendo pacientes e estou sempre no estúdio da ABC News. Quando vejo meus pais, peço que almocemos ao ar livre sempre que possível, se o tempo permitir. Usamos máscaras e permanecemos a dois metros uns dos outros, o que exige muito esforço da minha parte.

Apesar do fato de meus pais serem profissionais médicos aposentados, tenho que lembrá-los de manter distância e não tirar a máscara enquanto falam. Minha mãe também sobe os vidros das janelas quando estou com ela no carro, embora eu insista em mantê-los abaixados para melhorar a ventilação e protegê-la. Ela me disse que não quer viver assim e, se ficar doente, paciência. Mas eu certamente não quero que ela fique doente, nem meus filhos, Alex e Chloe.

Gerenciar os riscos com Alex e Chloe tem sido mais fácil para mim do que para alguns pais de universitários. Tenho sorte que meus filhos entendem o que está em jogo em uma pandemia e são responsáveis com seus comportamentos. O que ajudou é que todos concordamos no início do surto que seus namorados fariam parte de nossa família. Hoje não me preocupo com eles porque sei eles não vão a bares ou festas nem correm riscos desnecessários. Eles usam máscaras, ficam a pelo menos dois metros de distância das pessoas e não vão a lugares públicos e lotados.

Nada disso quer dizer que suas vidas têm sido fáceis no novo normal. Chloe optou por sair de seu segundo ano na Universidade de Harvard depois que a faculdade cancelou as aulas presenciais e os esportes de outono – um aspecto importante de sua carreira na faculdade, já que ela joga no time de hóquei no gelo, o Crimson. E tanto Chloe quanto Alex tiveram que tomar decisões difíceis sobre sua vida social, que não pensei que seria o novo normal para os jovens. Um dos meus filhos, por exemplo, ficou em dúvida por dias tentando decidir se deveria encontrar um grupo de amigos que claramente não estava levando a pandemia a sério. No final, meu filho optou por não se reunir com esses amigos próximos. Fiquei chocada: meus filhos são universitários dizendo *não* para coisas como um encontro para comer pizza ou uma caminhada ao ar livre, e negaram não porque essas coisas envolvessem drogas, sexo ou álcool, mas devido à possível exposição viral. É assim que é nossa nova realidade, e tem sido muito difícil.

Ser pai de crianças apresenta outro conjunto de problemas em tempos de pandemia. No caso da Covid-19, enquanto muitos pais (e até mesmo alguns funcionários de saúde pública) acreditavam erroneamente que não precisavam se preocupar muito com crianças pequenas, nós agora sabemos que não é assim: as crianças podem ser infectadas e transmitem o vírus para adultos, outras crianças e outras famílias, criando um possível efeito cascata de longo alcance da disseminação viral. Isso fez com que muitos se preocupassem com o que as crianças, que têm dificuldade em seguir orientações de segurança, podem fazer, criando conflitos entre famílias, administradores escolares e comunidades em geral.

Esses conflitos levaram ao estigma social, ao julgamento e até ao ostracismo, todos os quais são problemas sérios em nosso novo normal. Vejo isso todos os dias no meu círculo de amigos. Recentemente, por exemplo, um amigo postou uma foto na rede social de duas primas compartilhando uma cadeira sem máscaras, que elas tiraram apenas para a foto. Mas depois de a mãe de uma das meninas ver a foto, ela exigiu que sua filha fizesse o teste imediatamente (isso contraria o princípio viral de um período de latência, ou o tempo entre a exposição e a infecção) e agora não permite que a filha veja a prima. Outra amiga, que é médica de pronto-socorro, com gêmeos de 10 anos, tem só uma pessoa de seu grupo familiar disposta a permitir que seus filhos brinquem com os filhos dela – alguns pais dizem que ficam muito preocupados com a exposição dela, embora a maioria dos médicos saiba gerenciar os riscos para a saúde muito melhor do que o público em geral.

A pandemia também está mudando os relacionamentos conjugais e amorosos, criando uma barreira entre alguns casais enquanto une outros ainda mais. Tenho sorte de ter um namorado que é médico infectologista: compartilhamos a mesma tolerância ao risco, e ele certamente sabe como se manter seguro em um surto contagioso. Ao mesmo tempo, já que não moramos juntos, tivemos que superar o desafio de passar por uma nova exposição cada vez que nos encontramos. No início do surto, concordamos em fazer o teste para Covid-19 sempre que nos víssemos, mas isso rapidamente se tornou insustentável (nós conseguimos uma vez), e desde então aprendemos a ficar seguros juntos, aprendendo a usar o teste de vigilância de forma mais estratégica conforme passamos a nos expor mais. Casados e pessoas que vivem juntas naturalmente têm diferentes preocupações, incluindo o que fazer quando um deles fica doente e o outro não tem escolha a não ser compartilhar a mesma cama.

Para mim, gerenciar todos esses relacionamentos é um pouco como ter que desenhar um diagrama de Venn repetidamente, ampliando ou reduzindo a área de sobreposição onde os círculos de nós mesmos, membros da família e amigos se cruzam. Algumas pessoas querem uma área muito pequena de sobreposição; outras estão claramente confortáveis com um círculo muito mais amplo de interseção. Mas só você sabe o tamanho da área de sobreposição que deseja ter no seu diagrama de pandemia. Nem o dr. Anthony Fauci, nem seu médico de família, nem eu mesma podemos dizer quem você deve deixar entrar em sua vida e por quanto tempo. Tais decisões devem ser baseadas em parte na sua saúde e na saúde das pessoas ao seu redor, mas também em sua tolerância ao risco e para que ou por quem você acredita valer a pena correr riscos em nosso novo normal.

Ainda assim, como uma especialista em gestão de risco de saúde, posso ajudar a orientar você a tomar decisões mais inteligentes sobre quem, como e quando passar tempo com outras pessoas. Neste capítulo, você aprenderá a gerenciar e mitigar riscos com parentes mais velhos, cônjuges ou parceiros românticos, amigos, animais de estimação e filhos de todas as idades, incluindo recém-nascidos, crianças, pré-adolescentes, adolescentes e alunos universitários. Embora ninguém possa lhe dar uma porcentagem numérica de qual é o seu risco real ao encontrar uma pessoa ou outra, posso ajudá-lo a entender como calcular seu risco e pesar os fatores envolvidos em vários encontros sociais. O objetivo deste capítulo não é ajudá-lo a selecionar seu grupo de contato na pandemia, mas mostrar como ficar feliz, saudável e conectado em um novo mundo onde vamos ter que pensar duas vezes sobre como nos socializaremos nos próximos anos.

OITO REGRAS DE SOCIALIZAÇÃO EM NOSSO NOVO NORMAL

Não importa sua tolerância ao risco ou com quem você quer passar o tempo, existem algumas regras básicas a considerar ao socializar com outras pessoas em nosso novo normal. Reunir-se com familiares e amigos é emocionalmente pesado e continuará sendo por meses, mesmo depois de certas diretrizes serem relaxadas. Algumas pessoas sempre terão medo, outras podem se tornar mais relaxadas e muitas se dividirão entre esses dois pontos, mas não há como prever a tolerância ao risco de outra pessoa e quando ou se isso pode mudar. Isso torna a etiqueta básica a chave para interações sociais saudáveis e felizes. Algumas das oito regras a seguir podem ajudá-lo a se manter seguro, enquanto outras podem ajudá-lo a manter certos relacionamentos sem irritar ou ofender os outros.

1. **Reconheça que sempre há um risco.** A menos que gaste o resto da sua vida dentro de uma bolha estéril, você nunca reduzirá seu nível de risco a zero, mesmo se todos fizerem exames (falsos negativos) e vacinados (nenhuma vacina é garantia de cem por cento). Haverá sempre a chance de alguém ser infectado com Covid-19 ou qualquer outra doença contagiosa, incluindo tosse e resfriados, gripe, infecção de garganta, vírus estomacais, sarampo, tosse comprida e dezenas de outras doenças. O que você pode fazer, no entanto, é controlar o que pode controlar, o que significa fazer tudo o que puder de forma realista e sustentável para reduzir seu nível de risco ao mínimo possível.
2. **Não vá se estiver doente.** Isso deveria ser óbvio agora, mas todos nós conhecemos aquela pessoa que participa do jantar de Ação de Graças com tosse ou aparece no escritório ou em uma

festa de aniversário apenas horas depois de se recuperar de uma cólica estomacal. Esse comportamento não era legal antes da Covid-19, e é simplesmente perigoso agora. Conclusão: fique em casa se não estiver bem. Se você suspeitar que pode estar com Covid-19 ou outra doença contagiosa, ligue para seu médico e espere pelo menos uma a duas semanas antes de encontrar outras pessoas.

3. **Pergunte antes de pressumir.** Não pense que só porque um amigo ou parente está aparentemente saudável que você pode abraçá-los, se aproximar ou não manter a distância de dois metros. Pergunte àqueles ao seu redor antes de tirar a máscara ou se aproximar. Se eles não quiserem interagir, não se ofenda. Entenda que a saúde de alguém, fatores de risco para a Covid-19 e a tolerância ao risco são profundamente pessoais e não têm nada a ver com você e/ou quanto a pessoa pode querer encontrá-lo.
4. **Use máscara quando não estiver com seu grupo de contato.** Sempre use máscara e mantenha distância quando estiver com alguém que não seja de seu grupo de contato, e também perto de pessoas com mais de 65 anos, recém-nascidos e aqueles com sistema imunológico comprometido. Lembre-se de que não é um ou outro: o CDC recomenda usar máscaras e ficar a pelo menos dois metros de distância para ajudar a prevenir a propagação dessa doença respiratória infecciosa.
5. **Vá para fora.** Qualquer coisa que você possa fazer ao ar livre ou em um local bem ventilado será mais segura do que as atividades realizadas em local fechado, especialmente em lugares mal ventilados. Lembre-se de que você está tentando deter a propagação não só da Covid-19, mas de muitas outras doenças infecciosas.
6. **Pare com as batatas fritas e os molhos.** É da natureza humana querer compartilhar alimentos e bebidas em encontros com família

e amigos. Mas em nosso novo normal, lanches em que as pessoas comem com as mãos, como batatas fritas e molho, pipoca e nozes não devem ser divididos. Além disso, não compartilhe pratos, talheres ou copos e fique atento ao dividir aperitivos ou refeições com outras pessoas em restaurantes.

7. **Fale sobre os limites de antemão.** Reunir-se em nosso novo normal pode ser tenso, estranho e desconfortável. As pessoas estão sensíveis e ficarão assim por um tempo. A melhor maneira de evitar ofender amigos e familiares ou estragar relacionamentos importantes para você é conversar antes da visita, a fim de discutir os limites da pessoa e os seus quando se trata de Covid-19. Se você não conhece a pessoa bem o suficiente para ter uma conversa antes de vê-la, seja respeitoso ao visitá-la, mantendo a máscara no rosto e pelo menos dois metros de distância.
8. **Faça por você, não por eles.** Se você não se sente confortável em encontrar alguém pessoalmente, explique educadamente seus sentimentos, enfatizando que você está tomando a decisão de proteger *sua* saúde. Mesmo que acredite que a outra pessoa está correndo riscos desnecessários, você não precisa compartilhar isso com ela para recusar um convite. Se você falar de você e de sua saúde, a outra pessoa tem menos chances de se sentir julgada ou ofendida. Se você recusar um convite para um encontro pessoal, sugira uma alternativa. Se você não se sentir confortável em participar de um jantar, por exemplo, ofereça-se a fazer uma chamada de vídeo para dizer olá aos convidados antes de todos se sentarem para comer. Ou se você não quiser ir a um casamento, diga ao casal que adoraria ver fotos ou o vídeo do evento, quando estes estiverem disponíveis.

PASSANDO TEMPO COM AS PESSOAS DE MAIS DE 65 ANOS

Os relacionamentos que parecem estar causando mais ansiedade em nosso novo normal são os que temos com parentes e amigos mais velhos. A preocupação é válida: a idade é o maior fator de risco para complicações graves da Covid-19, e oito a cada dez mortes por Covid-19 nos Estados Unidos até o momento ocorreram em pessoas com 65 anos ou mais.[1] Pessoas mais velhas também são muito mais suscetíveis à gripe e a outras doenças infecciosas.

Se você vai passar um tempo com familiares ou amigos mais velhos, deve ter cuidado em relação a se, quando, como e onde vai fazer isso. Aqui estão minhas diretrizes para ajudá-lo a tomar a decisão e encontrar as pessoas mais velhas com segurança se decidir que é sensato fazê-lo.

Tome a decisão

Visitar um parente ou um amigo mais velho em nosso novo normal é uma decisão a tomar, não um privilégio a aproveitar. O primeiro passo é falar com o parente ou o amigo mais velho e determinar se ele ou ela se sente confortável com uma visita presencial. Se a pessoa não se sentir segura, não se sinta magoado ou zangado nem tente pressioná-la. Lembre-se de que todos têm uma tolerância ao risco diferente e o direito de proteger sua saúde e o bem-estar.

Se um parente ou amigo mais velho se sentir confortável com sua visita, você ainda deve pesar os riscos para ver se fazer isso é realmente prudente em nosso novo normal. Aqui estão três variáveis a considerar ao tomar sua decisão:

» **Os fatores de risco deles:** Quanto mais velhos eles forem, maior é o risco de doenças infecciosas em geral. A chance de morrer de

Covid-19, por exemplo, aumenta drasticamente a cada década: aqueles que têm 85 anos ou mais têm 630 vezes mais chances de morte pela doença, enquanto aqueles na faixa etária de 65 a 74 têm uma chance 90 vezes maior.[2] Da mesma forma, pessoas mais velhas que estão com sobrepeso ou obesas ou sofrem de doenças cardíacas, diabetes, pressão arterial alta ou outra doença são muito mais vulneráveis a ficar gravemente doentes.

» **Sua exposição:** Todos nós temos graus diferentes de exposição a doenças infecciosas. Uma pessoa que mora com uma família grande, trabalha fora e/ou não usa máscara tem maior chance de contrair uma infecção bacteriana ou viral do que uma pessoa que vive sozinha, trabalha em casa e/ou sempre toma precauções. Pense em suas atividades diárias também: ir a academias, restaurantes, bares e outros locais fechados aumenta sua chance de exposição a doenças. Da mesma forma, se você mora em um ponto de alta transmissão de Covid-19 e está viajando para ver um parente ou um amigo mais velho em uma área com índices relativamente baixos, sua exposição será comparativamente muito maior.

» **A visita:** Como e onde você vai poder aumentar significativamente ou diminuir o nível de risco. Por exemplo, você planeja visitar por duas horas ou duas semanas? Você pode ver a pessoa mais velha apenas do lado de fora ou precisará estar dentro de casa também? Você estará em uma casa onde todos podem manter pelo menos dois metros de distância ou o parente ou amigo mora em um pequeno apartamento? No caso da Covid-19, você pode se isolar por até duas semanas ou fazer o exame antes de ir?

Se você pesar suas conclusões a partir dessas três variáveis, será capaz de chegar a uma decisão com bastante segurança sobre se deve visitar o amigo ou parente mais velho. Lembre-se de que você nunca será capaz de evitar o risco totalmente, mas pode dar todos os passos possíveis para mitigar a probabilidade de transmissão de doenças, pedindo para todos usarem máscara ao visitar ou fazer o exame antes de ir.

Trate-os como um bebê recém-nascido

Se você já visitou um bebê recém-nascido, provavelmente sabe que não pode simplesmente sufocá-lo com beijos e segurá-lo o tempo todo. Pense na família e nos amigos mais velhos da mesma maneira e evite beijos, abraços e outras formas de contato direto.

Não há problema em dizer que você está preocupado

Embora você possa ter medo de fazer uma pessoa mais velha adoecer, pode ser que ela não compartilhe de sua preocupação. Muitos *baby boomers* e idosos em nosso novo normal não estão levando sua saúde a sério, recusando usar máscara e continuando a socializar como se fosse 2019. Alguns acham que já viram de tudo e são invulneráveis a doenças, enquanto outros preferem o risco de ficar doentes a abrir mão de sua autonomia ou seu modo de vida. De qualquer forma, a teimosia deixou milhões de jovens temerosos por sua segurança.

Se você está preocupado com um parente ou um amigo mais velho, converse com eles racional e razoavelmente sobre suas preocupações. Use fatos, não medo, para explicar por que você gostaria que eles tomassem certas precauções e pergunte como você pode tornar tudo mais fácil ou mais sustentável para eles.

Se eles não estiverem dispostos a tomar cuidados por si mesmos, peça que façam isso por você e outras pessoas que desejam desfrutar de sua companhia por muitos anos.

Por que as casas de repouso são diferentes

Os idosos que vivem em casas de repouso têm uma das mais altas taxas de mortalidade por Covid-19, não apenas por causa de sua idade, mas também devido ao fato de as instalações das casas de repouso serem, muitas vezes, frequentadas por funcionários, visitantes e residentes vindos de hospitais e outros locais. Se você quiser visitar um parente ou um amigo em uma casa de repouso, sugiro que considere cuidadosamente sua exposição e a relação risco-benefício. Se você decidir ir, ligue antes para saber se o local exige precauções especiais. Na chegada, esteja preparado para que sua temperatura seja aferida e/ou para preencher um questionário de vigilância. Lá dentro, sempre use sua máscara, mantenha pelo menos dois metros de distância, sempre que possível, e lave as mãos com frequência e meticulosamente. Esteja ciente, também, de que máscaras e limitações para visitantes podem ser uma precaução permanente para muitas casas.

MANTER A SEGURANÇA COM AS CRIANÇAS

Há um ditado em pediatria que aprendi na faculdade de medicina e repeti frequentemente no ar durante a pandemia: as crianças não são pequenos adultos. É por isso que existe a especialidade da pediatria. Você não pode simplesmente pegar doenças de adulto, reduzi-las para caber em um corpo menor e esperar que os resultados sejam os mesmos. O coronavírus é um exemplo perfeito disso.

Aqui está o porquê: depois que relatórios iniciais descobriram que as crianças não adoecem gravemente com Covid-19, muitos pais e alguns médicos interpretaram mal as manchetes acreditando que elas não pegam o vírus, o que não é verdade (outro exemplo do motivo pelo qual é importante entender as manchetes – consulte o capítulo 8 para saber como). O dr. Fauci e eu, entre outros, tentamos corrigir o equívoco na TV, dizendo aos espectadores que as crianças podem ser infectadas, mas a maioria não fica gravemente doente nem tem a mesma taxa de mortalidade que os adultos, embora haja mortes nesse grupo. Mas o dano já havia sido feito, preparando o terreno para alguns futuros erros envolvendo as crianças em nosso novo normal.

Enquanto ainda estamos descobrindo o papel das crianças na transmissão viral, agora sabemos que elas podem ter e têm Covid-19 e, assim como os adultos, espalham a doença para outras pessoas. As crianças também parecem mais propensas a ter sintomas leves ou a serem assintomáticas, o que aumenta as chances de serem propagadoras silenciosas do vírus. Também podem ter cargas virais mais altas do que os adultos[3] e espalhar o vírus por semanas após serem infectadas, o que pode ou não aumentar sua capacidade de transmitir a doença.[4] Além disso, as crianças nunca vivem sozinhas: elas moram com pais, avós e/ou outros responsáveis que podem ficar gravemente doentes com Covid-19.

Mesmo dentro da especialidade de pediatria, não há uma regra. Existem diferenças físicas, mentais e emocionais enormes entre crianças e adolescentes, e todas as faixas etárias têm fatores de risco distintos quando se trata de Covid-19. Essas variáveis devem influenciar a forma como você interage com as crianças, seja você pai ou mãe, parente ou amigo. Aqui, abordarei quatro diferentes grupos etários – recém-nascidos e bebês, crianças menores de 10 anos, pré-adolescentes e jovens do ensino médio e superior – e direi o que você precisa saber para manter cada grupo seguro em nosso novo normal. Vou mostrar os aspectos que fazem com que a Covid-19 atinja de modo único, diferente e com alta carga emocional os grupos de idade pediátrica. Ao compreender as diferenças sutis e de desenvolvimento entre as faixas etárias, você pode passar melhor por esses desafios e questões que mudam o tempo todo.

Recém-nascidos e bebês

Os bebês dependem de suas mães para uma parte importante de seu sistema imunológico. Eles recebem anticorpos no útero e via leite materno, junto com alguma proteção fornecida pelas vacinas. Mas seu sistema imunológico ainda é muito imaturo, e se tiverem alguma doença o resultado pode ser muito mais grave do que se uma criança mais velha contrair a mesma doença.

Por esse motivo, você deve ter muito cuidado com recém-nascidos e bebês em nosso novo normal, assim como devia ter sido cuidadoso antes da pandemia. Se você é pai ou mãe, limite ou evite visitantes por completo pelo menos durante o primeiro mês após o nascimento do seu filho. Você também vai querer manter o grupo de contato durante a pandemia muito pequeno para reduzir sua área de exposição sobreposta. Se você tem algum motivo para suspeitar que pode estar com Covid-19, gripe ou qualquer outra doença contagiosa, fale com seu obstetra ou pediatra e esteja preparado para temporariamente separar-se ou distanciar-se de seu bebê – o risco de passar a seu filho uma doença infecciosa provavelmente supera o risco de não estar presente para cuidar dele.

Se você quer visitar um recém-nascido, converse com os pais do bebê de antemão para se certificar de que eles estão confortáveis com o encontro. Verifique se está saudável e assintomático por pelo menos uma semana antes de ver o bebê. Embora você não tenha que vestir um avental esterilizado de hospital, quando for, use máscara e lave as mãos frequentemente, de modo muito atento. Evite contato próximo com a criança, bem como com seus pais, que podem passar para ela o que pegarem de você. Se você é próximo da família, não haverá problema em segurar o bebê por alguns minutos. Mas, se não for, pergunte a si mesmo se é realmente necessário segurar o bebê, mesmo que os pais sejam receptivos. De qualquer maneira, não beije um recém-nascido, muito menos no rosto ou nas mãos, pois ele as leva à boca.

O que fazer se você estiver grávida durante uma pandemia

A maioria das mulheres provavelmente já está tomando uma série de precauções para proteger sua saúde e bem-estar se estiver grávida. Mas durante uma pandemia você pode precisar ser ainda mais cautelosa sobre o que faz, aonde vai e quem encontra. Isso porque se considera que as mulheres grávidas têm um sistema imunológico comprometido ou suprimido e são mais suscetíveis a infecções, que podem incluir Covid-19. Lembre-se de que você é não a única paciente, mas que o bem-estar do seu feto poderia ser comprometido se você ficar gravemente doente durante a gravidez.

Mesmo se você for jovem e saudável, peque pelo excesso de segurança. E se você tem preocupações específicas, converse com seu obstetra e/ou parteira – uma boa comunicação ajudará a garantir que tudo corra bem durante a gravidez e o parto.

Crianças de 1 a 9 anos

No início, as crianças pequenas são difíceis de controlar. Elas não seguem bem as instruções, sua higiene geral não é boa, elas constantemente tocam o rosto e tudo ao seu redor, não entendem o que é espaço pessoal e precisam ser supervisionadas em quase tudo o que fazem. Crianças pequenas também não têm habilidades motoras finas, o que pode levá-las a ter dificuldades para lavar as mãos, colocar uma máscara e para tentar não tocar nos adultos, em alças, grades e outros objetos de apoio possíveis.

Apesar dessas realidades, ainda é muito importante que as crianças usem máscaras, lavem bem as mãos e pratiquem o distanciamento social. Crianças pequenas podem pegar Covid-19 e, apesar de normalmente não ficarem gravemente doentes e a taxa de mortalidade ser muito, muito baixa, elas ainda podem passar a doença para pais, avós e outros adultos possivelmente vulneráveis. Crianças pequenas também parecem menos prováveis do que as mais velhas a apresentar sintomas de Covid-19, aumentando a probabilidade de serem propagadoras silenciosas.

Além disso, as crianças nesta faixa etária têm mais chance de ter contato próximo com outras, o que pode imediata e drasticamente ampliar seu círculo de risco se não houver distanciamento social usando máscaras. Lembre-se também de que algumas crianças podem ter problemas médicos preexistentes, tornando-as mais vulneráveis a complicações graves pela Covid-19. Finalmente, elas podem desenvolver síndrome inflamatória multissistêmica, uma doença rara, mas grave, associada à Covid-19.[5]

Eu percebo que ensinar e fazer cumprir as precauções de segurança nesta faixa etária pode ser uma tarefa difícil. Mas acredito que, se as crianças podem aprender a usar um banheiro, elas podem aprender a usar uma máscara e a manter distância dos outros. Não é fácil, mas o desfralde também não é. E, assim como o desfralde e o uso do banheiro, uma vez que as crianças aprendem a fazer isso geralmente conseguem fazer tudo sem supervisão contínua de um adulto.

Ensinar a seus filhos as precauções de segurança pode ter um papel nas decisões maiores que tantos pais enfrentam em nosso novo normal: podemos permitir que se envolvam em atividades em grupo que são tão importantes para o seu desenvolvimento, incluindo aulas presenciais, cuidados, esportes de equipe, aulas de música ou dança, acampamento de verão e eventos semelhantes com outras crianças e adultos?

Para ajudar a tomar essa decisão, sugiro que você olhe para dentro e para fora. O que eu quero dizer? Olhar para dentro significa avaliar a saúde de todos em seu grupo de contato. Todos estão saudáveis, de modo geral? Alguém tem alguma doença preexistente, incluindo obesidade, que o colocaria em um risco maior de complicações graves com a Covid-19? Os avós ou os parentes mais velhos ajudam a cuidar de seu filho? Você visita adultos mais velhos regularmente?

Em seguida, olhe para fora, o que significa avaliar o risco das atividades em sua comunidade. Qual é a taxa de infecção da Covid-19 ou outras doenças contagiosas na sua área? A atividade está sendo realizada ao ar livre, em ambiente fechado ou em um espaço bem ventilado? Todos estarão usando máscara? Professores ou adultos supervisores ajudarão a manter as crianças separadas ou pelo menos não estimularão abraços e outros contatos próximos?

Agora, considere a pior situação: seu filho é infectado e expõe seu grupo de contato. Se seu grupo de contato for relativamente saudável e/ou de baixo risco, se a atividade for de baixo risco e/ou não houver muitas doenças infecciosas em sua área, pode ser bom deixar seu filho participar de atividades em grupo.

E quanto a encontros de duas crianças durante uma pandemia? Essa tem sido uma pergunta difícil para muitos pais em nosso novo normal, com famílias avaliando-se mutuamente e muitas vezes fazendo análises inconvenientes sobre os comportamentos e as práticas de saúde uns dos outros. Isso, por sua vez, tem causado muitas divergências e estigma social.

Do ponto de vista médico, aconselho você a encontrar famílias que compartilham suas práticas de saúde e seu nível de tolerância ao risco. Tudo bem fazer perguntas. Em nosso novo normal, ninguém deve se ofender se você quiser saber se todos usam máscara quando estão em público ou se foram vacinados.

Seja em encontros entre duas crianças ou em atividades em grupo, tenha em mente que você nunca será capaz de reduzir o risco a zero. Além disso, existem prejuízos mentais, emocionais e até físicos significativos por manter as crianças fora da escola ou longe de outras crianças. Por fim, lembre-se de que há riscos em tudo que seu filho faz. Você pode escolher manter seu filho em casa sem medo da Covid-19, mas então ele ou ela pode sofrer uma queda, se queimar ou acidentalmente ingerir algo venenoso, e todas essas ocorrências são as principais causas de lesão nessa faixa etária.[6]

Crianças de 10 a 14 anos

As mesmas medidas de segurança para crianças mais jovens também se aplicam a esse grupo etário: todas devem usar máscaras, lavar as mãos com frequência e manter o distanciamento físico. Pré-adolescentes podem ser infectados com Covid-19 e não costumam mostrar sintomas, então eles também podem transmitir o vírus, sem saber, a adultos e outras crianças.

Ao contrário das crianças mais novas, no entanto, essa faixa etária é mais madura e geralmente segue instruções. Elas também conseguirão compreender por que é necessário usar uma máscara, por exemplo, se lhe for explicado. Ao mesmo tempo, muitos pré-adolescentes são bem impressionáveis, então eles têm mais chances de seguir orientação do que os adolescentes mais velhos. De certa forma, isso torna essa faixa etária o "grupo ideal" para a adoção de medidas de segurança em uma pandemia.

Para tirar proveito desses atributos, os pais devem (1) explicar os fatos e (2) ser específicos sobre quais medidas desejam que seus filhos pré-adolescentes tomem. Tenha uma conversa madura com seus filhos, dizendo a eles o que sabemos sobre o vírus (ou qualquer outra doença) e como eles podem transmitir a doença sem saber. Seja claro que eles podem espalhar a doença sem passar mal, o que poderia deixar outras pessoas muito doentes. Concentre-se nos fatos, não no medo, e peça que compartilhem seus sentimentos e preocupações em nosso novo normal.

Crianças em idade escolar e secundária

Com adolescentes e adultos jovens, é fundamental conhecer sua população. Caso contrário, se você tratar essa faixa etária como trataria crianças mais novas ou adultos mais velhos, perderá 99 por cento do tempo. Seja você um pai, parente ou amigo da família, alavancar a psicologia de crianças em idade escolar e secundária pode ajudá-lo a orientar melhor o comportamento delas e manter todos mais saudáveis e mais felizes em nosso novo normal.

Como você provavelmente sabe, a adolescência é quando as crianças exercem sua independência, separadas de seus pais, e questionam ou até desafiam a autoridade. Elas podem se esforçar para encontrar sua identidade, aprender a administrar suas emoções e desenvolver relacionamentos mais maduros fora da família.

Ser pai ou mãe de adolescentes e jovens adultos já era um desafio na fase pré-pandêmica, mas, em nosso novo normal, gerenciar essa faixa etária pode ser particularmente difícil. A última coisa que qualquer adolescente quer é receber ordens sobre o que fazer. Sua vida social é sua vida, eles querem ver os amigos. Ao tentarem estabelecer sua identidade, muitos não vão querer usar uma máscara que os deixam parecidos com todos. Eles desejam contato próximo e muitos querem começar a explorar sua sexualidade também. Tudo isso é um comportamento normal.

Meu conselho para essa faixa etária é o que os bons médicos fazem com todos os pacientes: comece com uma comunicação honesta e aberta. Reconheça que, embora a pandemia seja difícil para todos, é especialmente difícil para eles, no âmbito social e de desenvolvimento. Eu acredito que seja preciso reconhecer isso – caso contrário, pode ser que eles não ouçam mais nada do que você diz.

Como faria com os pré-adolescentes, explique a ciência por trás da doença e o que sabemos sobre o papel dessa faixa etária na transmissão ou que eles podem espalhar a doença facilmente e sem saber para você, para o resto da família, professores, amigos e famílias de amigos. Como essa faixa etária pode ser egocêntrica, reserve um tempo para enfatizar que tomar cuidados não diz respeito somente a eles, mas a todos ao seu redor e para um bem maior. Diga-lhes que este é o momento de tomarem atitude e provarem que podem ser adultos em uma situação que requer maturidade e responsabilidade. Afinal, ser adulto significa fazer o que precisamos e devemos fazer, mesmo que não seja o que queremos fazer.

Ao conversar com adolescentes ou jovens adultos, seja direto sobre precauções específicas que você deseja que eles tomem. Ao mesmo tempo, seja realista em relação a suas expectativas: saiba que você provavelmente não pode controlar tudo o que eles fazem. Peça a eles para ficarem pelo menos a dois metros de distância dos amigos, mas enfatize que, quanto mais distante, melhor, e não mais perto. Se eles forem resistentes ao uso de máscara, incentive-os a encontrar uma cobertura facial que lhes permita expressar sua personalidade, seja por cor, moda ou design.

Você também pode perguntar ao seu filho adolescente ou universitário o que você pode fazer para tornar a pandemia mais tolerável a ele. Por exemplo, eu concordei em incluir outras pessoas importantes de meus filhos em nosso grupo de contato, o que tornou tudo muito mais fácil para todos nós. (Isso foi possível já que, teoricamente, meus filhos não são mais crianças: eles têm 22 e 21 anos, mas é claro que sempre serão crianças para mim.) Você pode também oferecer uma diversão dentro de sua casa ou sua família que poderia ajudar a compensar as atividades que eles não podem fazer. Por exemplo, adotar um cachorro ou um gato e tornar o animal de estimação responsabilidade de seu filho pode tornar mais fácil para ele ficar em casa. Da mesma forma, talvez haja um projeto que seu filho possa fazer, como pintar novamente o quarto ou cuidar de crianças mais novas em troca de um pequeno valor.

Por fim, lembre-se de que muitos adolescentes e jovens adultos estão ansiosos ou assustados em nosso novo normal, mesmo que não demonstrem. Metade dos meus pacientes tem menos de 21 anos, e muitos choraram na sala de exames, admitindo se sentir estressados e ansiosos, já que o mundo como eles conheciam foi virado de cabeça para baixo. Seja sensível ao modo como seu filho pode se sentir e encoraje-o a falar sobre suas emoções, seja com você ou um terapeuta.

O que fazer se seu exame der positivo

Se seu exame for positivo para Covid-19, a primeira coisa a fazer é ir para casa e se isolar. A segunda é pegar o telefone e ligar para todos com quem você teve contato próximo nas últimas 48 horas, incluindo as pessoas do trabalho e/ou estabelecimentos, como restaurantes, academias, igrejas ou salões de beleza. Por mais que fazer essas ligações não seja fácil, é absolutamente necessário – e, no fim das contas, muito mais fácil do que viver com o medo de que possa ter permitido que um amigo ou um parente transmitisse a doença a dezenas de outras pessoas. Se você se sentir culpado, envergonhado ou com medo, está tudo bem, seja honesto e admita ao telefone como está se sentindo. Você pode ficar surpreso com seus amigos e familiares sendo mais compreensivos do que você pensa.

CASAMENTO OU NAMORO

A pandemia trouxe estresse, isolamento social, incerteza financeira, dificuldades parentais e/ou problemas de intimidade a muitos casamentos e namoros, e tudo isso veio para ficar por um longo tempo. O resultado foi misto, aprofundando alguns relacionamentos e abalando outros. Casais de namorados parecem estar enfrentando a tempestade melhor do que as pessoas casadas, com sete em cada dez solteiros relatando que seu relacionamento ficou mais sério desde o início do surto, de acordo com pesquisa da Ipsos.[7]

Esses casais, no entanto, podem ser a exceção, não a regra. Mais evidências de advogados mostram um aumento no interesse por separação conjugal,[8] enquanto a mesma pesquisa da Ipsos descobriu que um em cada dez casais nos Estados Unidos tem grande chance de se separar devido a questões relacionadas à pandemia.[9] Um em cada cinco casais também está sofrendo mais, enquanto 27 por cento de todos os americanos dizem que conhecem um casal que provavelmente se separará ou pedirá o divórcio assim que a pandemia terminar.[10]

Como já disse muitas vezes no *Good Morning America*, as crises tendem a revelar o melhor e o pior das pessoas, e muitas vezes é o nosso companheiro a primeira pessoa a notar esses extremos. Passar por problemas pessoais nunca foi e nunca será fácil, especialmente se uma ou ambas as pessoas em um relacionamento estiverem passando por qualquer um dos problemas de saúde mental comuns em nosso novo normal. Meu melhor conselho é comunicar, comunicar, comunicar. Diga ao seu parceiro como você está se sentindo, seja assustado, estressado ou sufocado, sem culpar a outra pessoa. Explique suas necessidades com empatia e compaixão a seu cônjuge ou parceiro, que também passou por um período estressante, e pergunte o que ele ou ela pode precisar agora para se sentir saudável e feliz.

Não importa a situação com seu cônjuge ou parceiro, não deixe que as preocupações com a saúde aumentem sua ansiedade ou seus problemas. Se você ou seu parceiro ficar doente, não compartilhe a mesma cama. Isso era um bom conselho antes da Covid-19, mas se tornou ainda mais essencial, já que dormir na mesma cama com alguém por até oito horas de uma vez é uma das formas mais intensas de contato próximo que você pode ter com outra pessoa. Quando alguém em um relacionamento ficar doente, ceda o quarto para a pessoa que não está se sentindo bem – o parceiro saudável pode passar a noite em um quarto de hóspedes ou no sofá. Não tenham intimidade enquanto um dos dois estiver doente por aproximadamente dez dias após os primeiros sintomas.

Sexo e o solteiro em tempos de pandemia

Posso namorar durante uma pandemia? Posso fazer sexo durante uma pandemia? Essas são as perguntas que ouço regularmente de quase todas as minhas pacientes. Minha resposta:

não tem resposta fácil. É uma situação complicada e difícil, e sempre há um risco em tudo que você faz. Mas você pode usar o bom senso para diminuir seu risco. Você pode pensar nisso com quase a mesma decisão ao analisar critérios que usaria para reduzir sua chance de pegar uma doença sexualmente transmissível.

Comece sendo seletivo em relação à pessoa com quem você namora. Ela compartilha os mesmos comportamentos de saúde e tolerância ao risco que você? Você provavelmente não quer namorar alguém que não acredita no uso de máscaras, por exemplo, ou que não tenha nenhum problema em ir a bares lotados toda noite enquanto você está se distanciando socialmente. Além disso, pergunte a si mesmo se a relação é importante. Enquanto provavelmente vale o risco encontrar alguém de quem você realmente gosta e com quem imagina um futuro, pode não ser inteligente correr o mesmo risco com um rapaz ou uma garota que pode ficar em sua vida por apenas algumas semanas.

PASSAR TEMPO COM AMIGOS

Uma pandemia é uma situação socialmente pesada para todos os nossos relacionamentos: quando outra pessoa pode lhe passar uma doença que pode ser debilitante, todo contato é reavaliado. Mas as pandemias podem pesar mais para os amigos, que são pessoas que queremos ver mas que não necessariamente precisamos ver, o que força muitos a reavaliar suas amizades como nunca. Por essa razão, muitas amizades se desfizeram em nosso novo normal, pois as pessoas discordam sobre tolerâncias de risco e comportamentos de saúde ou simplesmente não se encontram mais. Por outro lado, a crise também aprofundou algumas amizades, pois as pessoas se uniram em uma época de necessidade.

Sou médica, não terapeuta, então não posso lhe dizer como curar suas amizades. Mas posso lhe dar diretrizes para seguir quando precisar analisar os comportamentos de saúde de seus amigos. Aqui estão sete dicas para ter em mente quando estiver com pessoas de fora de seu grupo de contato:

1. **Opte, às vezes, por um encontro com apenas uma pessoa.** Não deveríamos ter que ficar dizendo isto, mas aqui vai: fique em casa se estiver doente. Mesmo que algumas pessoas tenham atitudes diferentes quando querem socializar com amigos, compartilhar não é cuidar na era das doenças contagiosas.
2. **Combine de antemão.** Ao se encontrar com um amigo ou um grupo de amigos, intencionalmente inicie uma conversa sobre quais precauções de segurança farão com que todos se sintam confortáveis. Desta forma, você sabe como seus amigos se sentem e pode evitar erros que possam ofender alguém ou fazer outra pessoa se sentir desconfortável. Conversar também permite que você comunique como se sente para que seus amigos possam respeitar suas medidas de segurança.
3. **Aceite o maior denominador comum.** Se um amigo ou amiga tiver uma preocupação em especial – por exemplo, ele(a) não quer ir a um restaurante, não se sente confortável comendo em local fechado –, respeite essa preocupação e faça as coisas da maneira mais confortável para ele(a) sempre que estiverem juntos. Pense nisso como usar cinto de segurança no carro de outra pessoa ou tirar os sapatos quando entra na casa de um amigo: se é isso que eles querem que você faça, a coisa educada a fazer é acenar com a cabeça, sorrir e obedecer.

4. **Respeite a tolerância ao risco.** Todo mundo tem uma tolerância ao risco única, que já existia antes do início da pandemia. Por exemplo, você pode ter um amigo que adoraria saltar de um avião e outro que nunca entraria em um avião pequeno, muito menos saltaria de um. Respeite os limites pessoais dos seus amigos.
5. **Não presuma motivos.** Às vezes, um amigo pode querer adotar medidas que você considera excessivas, não para proteger a si próprio, mas para proteger um familiar ou um amigo vulnerável. Você pode nunca saber seus motivos, a menos que se ponha no lugar dele, então a coisa certa a fazer é não ficar chateado ou magoado com o que seu amigo acha que é necessário fazer.
6. **Mais é melhor.** Em caso de dúvida, peque pelo excesso de segurança. Dentro do nosso novo normal, ninguém vai acusá-lo de ser rude se desejar ficar a pelo menos dois metros de distância. Da mesma forma, você nunca vai se arrepender se todo mundo usar uma máscara dentro de um restaurante, mas pode se arrepender se alguém ficar doente porque você não usou máscara.
7. **Você pode escolher você.** Tudo bem priorizar sua saúde em vez de uma amizade, especialmente se alguém não estiver disposto a respeitar seus limites. Se for esse o caso, provavelmente essa pessoa não é um amigo de verdade.

Segurança com os amigos peludos

Às vezes não há relacionamento melhor do que aquele que temos com o melhor amigo do homem (e da mulher): nossos animais de estimação. Primeiro, a notícia ruim: a Covid-19 pode infectar cães e gatos. Por ser um coronavírus, sabemos que algumas linhagens afetam os animais. Mas casos confirmados são raros, e as mortes relatadas pela doença são ainda mais incomuns. A maioria dos animais de estimação não apresenta sintomas, ou, se apresentam, são muito suaves. Além do mais, o risco de seu animal passar a doença para você é baixo, de acordo com o CDC.[11] O risco é provavelmente maior de você passar o vírus para seu animal de estimação. Enquanto é possível fazer o exame em seu cão ou gato para Covid-19, o CDC recomenda fazer isso apenas se o animal apresentar sintomas associados ao vírus e se tiver tido contato com um indivíduo infectado.[12] Se você estiver com Covid-19 ou qualquer outra doença, evite dormir na mesma cama, beijar ou abraçar seu animal de estimação.

No final, uma das maiores mudanças provocadas pela pandemia é como interagir com outras pessoas. Nosso novo normal transformou nossos relacionamentos com família e amigos, e não é fácil saber quem ver e como se socializar. Mas você não tem que ser reativo em relação a relacionamentos em nosso novo normal. Em vez disso, pode optar por tomar decisões conscientes, informadas e inteligentes sobre quem você vê e como. Isso aumentará muito as chances de você e sua família ficarem seguros enquanto se mantêm conectados às pessoas que mais importam em seu novo mundo.

CAPÍTULO 10

Lugares públicos

O capitão Dennis Tajer voa vários dias por semana. Ele faz isso porque tem que fazer – é seu trabalho como piloto de 737 –, mas também porque ele quer. Em nosso novo normal, Tajer diz que está confiante que sua profissão não coloca sua saúde em risco.

"É irônico que as pessoas vão a restaurantes onde o fluxo de ar é padrão e ficam à vontade para tirar a máscara e comer. Mas elas pensam duas vezes antes de estar em um avião, onde o fluxo de ar passa por um filtro HEPA e é melhor", Tajer recentemente me disse por telefone. "Todos devem se sentir seguros em um avião. Isso é engenharia – não é opinião."

Eu vi Tajer – pelo menos nas TVs da emissora – quando o apresentamos no *Nightline,* em maio de 2020. O correspondente de tráfego da ABC News, Gio Benitez, falou com Tajer no dia em que o piloto começou a voar após ficar em terra por semanas devido ao surto de Covid-19. Meses depois que o segmento foi ao ar, Tajer me disse que aquelas primeiras semanas foram uma luta, até as companhias aéreas determinarem o uso obrigatório de máscaras. Mas hoje o porta-voz do grupo sindical Allied Pilots Association diz que todos que ele vê no avião e no aeroporto usam máscara sobre o nariz e a boca – uma mudança para a segurança das viagens aéreas em nosso novo normal.

"Eu não conseguiria me envolver nisso no dia a dia se sentisse que meus passageiros não estão seguros; não apenas moralmente, mas profissionalmente, eu não poderia pilotar um avião", disse Tajer. "Eu faço essa obrigação toda vez que uso estas asas."

Há sabedoria por trás dessas palavras – Tajer pilota na aviação comercial há mais de trinta anos. Nessas três décadas, ele nunca viu nada afetar as viagens aéreas como a pandemia e diz que o surto continuará moldando a indústria de viagens aéreas durante anos.

"Não há como passar por algo assim sem que isso mude sua vida", ele me disse. "Faz parte da experiência humana. Haverá um tempo em que as pessoas se sentirão mais confortáveis usando máscara, com Covid-19 ou não. Eu acho que elas vão tomar essas precauções por escolha pessoal."

Nesse ínterim, Tajer diz que ninguém deve ter medo de voar no nosso novo normal. Mas se você estiver hesitante, ele diz que entende.

"É normal se sentir assim", ele me disse. "Leva tempo, e todos terão um processo para chegar ao ponto em que se sintam confortáveis. Mas quando você estiver pronto, estaremos prontos para você."

Tajer está certo: existe um processo que leva tempo. Responder se é seguro voar ou voltar ao trabalho – ou para a academia, o restaurante, o teatro, o salão, a igreja ou qualquer outro lugar público – começa com uma variável: você. Porque só você pode tomar a decisão.

Mas existem maneiras específicas de avaliar seu risco e a segurança de qualquer situação para você e/ou seus entes queridos. Neste capítulo, veremos quatro fatores a serem considerados sempre que você for a lugares públicos lotados e maneiras distintas de se proteger em nosso novo normal se voltar ao trabalho, fizer uma viagem, comer em um restaurante, ir a um salão de beleza, assistir a uma missa ou desfrutar de um museu, um filme ou um concerto.

Vou explicar por que a melhor maneira de avaliar o risco é fazer uma macroperspectiva em vez de analisar miscroscopicamente uma determinada atividade, um evento ou um comportamento. Ao avaliar os prós e os contras de fazer qualquer coisa em nosso novo normal, também não podemos tomar decisões no vácuo ou em uma bolha – precisamos ser capazes de integrar vários fatores relacionados ao nosso ambiente, patógenos (e não apenas o coronavírus), cada pessoa e nós mesmos. Esses elementos não são estáticos; eles estão sempre mudando. E precisamos ser capazes de mudar com eles.

Mas não se trata apenas de avaliação de risco – mitigação de risco é igualmente importante. Neste capítulo, darei a você as ferramentas para tomar decisões e medidas proativas para diminuir suas chances de ser infectado com Covid-19 (ou qualquer outra doença contagiosa) em lugares públicos. Resumindo, trata-se de aprender como se capacitar para sentir-se bem com suas escolhas de estar em público e permanecer saudável e feliz, não importa o que você escolha fazer.

COMO PENSAR COMO UM MÉDICO PARA AVALIAR SUA SEGURANÇA EM LOCAIS PÚBLICOS

"É seguro fazer X, Y ou Z?" é, de longe, a pergunta mais frequente que recebo de espectadores, pacientes, familiares e amigos desde que o surto de coronavírus começou, mas não é uma pergunta fácil de responder. O que sabemos sobre o vírus está em constante evolução, junto com diretrizes de representantes globais, federais, estaduais, regionais e locais. Além disso, cada situação é única, e a volta ao trabalho para alguém da indústria de serviços, por exemplo, provavelmente será diferente da volta ao trabalho da pessoa com um emprego de escritório que não tem que interagir regularmente com o público.

Por essas razões, em vez de sugerir que você memorize detalhes sobre como o vírus pode ou não afetar determinados lugares públicos, quero encorajá-lo a fazer algo que defendo ao longo de todo o livro: pensar como um médico. Se você adotar o processo mental que um médico usaria para avaliar cada situação individual, terá a capacidade de tomar as melhores decisões para você e sua família, com base nas circunstâncias únicas que cercam o que você deseja fazer, junto com seus próprios fatores de risco e tolerância pessoais. E você será capaz de fazer isso para cada situação que surgir no seu caminho.

O primeiro passo para pensar como um médico, então, é avaliar tudo o que sabemos sobre a situação e o risco inerente que ela traz. No novo normal de hoje, podemos destilar o risco situacional de ser infectado com Covid-19 em quatro fatores principais:

» **Tempo:** Quanto tempo você ficará no lugar público? Em geral, quaisquer eventos que durem mais de quinze minutos requerem alguma análise de segurança.

» **Lugar:** Você estará dentro de uma sala ou ao ar livre? Se for dentro, há janelas e portas que ficarão abertas? Ou haverá ventilação adequada?

» **Pessoas:** Quantas pessoas estarão com você, aproximadamente? Ou qual será a lotação do lugar? Existe uma regra que garanta que todos vão usar uma cobertura para o rosto?

» **Espaço:** Quanto espaço haverá entre você e outras pessoas? Você ficará sentado ou em pé em um lugar por um período ou poderá se mover? Em geral, mais espaço é mais seguro do que menos espaço.

Além desses quatro fatores, também há o índice de contágio em sua cidade ou estado, que reflete a porcentagem de pessoas que testaram positivo para o coronavírus em sua área. A porcentagem positiva não é uma contagem total de casos – na verdade, indica a incidência de infecção por Covid-19 na área onde os testes estão ocorrendo. Se sua cidade ou estado tem um índice positivo de 1 por cento ou menos, por exemplo, o risco de contrair o coronavírus é relativamente baixo – mas não é inexistente. Em comparação, a OMS aconselhou os governos em maio de 2020 a manter uma taxa de porcentagem positiva igual ou inferior a 5 por cento por pelo menos duas semanas antes de reabrir. Muitos estados, no entanto, não aderiram a essa sugestão e permaneceram abertos com porcentagem de positivos na casa dos dois dígitos. Seja qual for o caso em sua área, um alto índice de ocorrências é motivo para evitar locais públicos. Mas, novamente, perceba que ainda há risco de contrair Covid-19 se o seu estado ou sua cidade tiver uma taxa percentual positiva abaixo de 1 por cento.

Depois de avaliar o risco situacional total, incluindo a taxa percentual de casos da área, o próximo passo é avaliar seus fatores de risco na situação. No caso do Covid-19, o risco físico depende de quantos anos você tem, se é saudável e se tem alguma doença específica que pode torná-lo mais vulnerável a complicações graves. Para saber mais sobre essas doenças, consulte o capítulo 1.

Seu grau de risco físico também pode moldar seu grau de tolerância ao risco – outra variável para avaliar quando você sabe se é seguro para você fazer X, Y ou Z. Se você tiver vários fatores de risco físicos, por exemplo, ou morar com alguém que tenha diversos fatores de risco físicos, sua tolerância ao risco provavelmente será menor do que alguém que não tenha fatores de risco. Sua tolerância ao risco também pode ser inferior porque você simplesmente não se sente tão confortável quanto as outras pessoas em certas situações em nosso novo normal. Assim como as impressões digitais, a tolerância ao risco de cada pessoa é única, como deve ser – nunca foi ou será igual para todos. Como discutimos no capítulo 9, algumas pessoas podem se sentir confortáveis pulando de um avião enquanto outras nem mesmo entram em um avião pequeno, quanto mais saltar de um.

Reconheça que sua tolerância ao risco também pode estar ligada a riscos não negociáveis – aquelas atividades que você tem que fazer em nosso novo normal. Por exemplo, um trabalhador essencial pode não querer correr nenhum risco adicional ao ver um filme ou comer em um restaurante porque ele já interage com o público todos os dias. É assim que me sinto. Como já vejo pacientes e entro nos estúdios da ABC, onde não posso usar uma máscara enquanto fazem minha maquiagem ou quando estou no ar, sou seletiva quanto aos outros riscos que estou disposta a correr. Por outro lado, as pessoas que trabalham em casa podem se sentir mais confortáveis correndo riscos de vez em quando para comer fora ou ir ao cinema.

Finalmente, considere o que todos os bons médicos analisam sobre todos os pacientes: o lado mental e o emocional. Pergunte a si mesmo a importância de fazer X, Y ou Z – mental e emocionalmente. Pessoalmente, por mais que eu goste de fazer isso, comer em um restaurante não é importante para mim, mas fazer as unhas dos pés ou arrumar o cabelo são coisas importantes. Ambas as atividades fazem parte do meu autocuidado e me fazem sentir bem. Para outras pessoas, ir à igreja, ver arte ou viajar para um evento vale a pena o risco que essas atividades envolvem.

Quando as pessoas me perguntam se é seguro fazer algo, muitas vezes querem saber se é seguro fazer essa atividade como fariam a.C. (antes do coronavírus). Mas você não pode avaliar a segurança de qualquer atividade em nosso novo normal usando um filtro normal antigo – é por isso que o chamamos de *novo normal*. Então, se você está se perguntando se é seguro organizar um jantar, por exemplo, a resposta seria *não* se você planeja sentar um monte de pessoas sem máscaras em torno de uma pequena mesa dentro de sua casa como fazíamos em 2019. Mas se você pretende realizar um jantar ao ar livre, onde você distancia as cadeiras e todo mundo usa máscaras, exceto ao comer, então provavelmente pode torná-lo seguro – ou o mais seguro possível. Esta última advertência é importante: como você sabe, não há como eliminar os riscos totalmente. Quando se trata de uma doença infecciosa como a Covid-19, sempre que houver mais de uma pessoa em uma sala existe um risco. Você pode escolher viver sozinho e nunca deixar sua casa, mas, ao fazer isso, também pode cair da escada, ser atingido por um raio ou desenvolver uma doença cardíaca – um fator de risco real associado ao isolamento social. Eu não estou tentando assustá-lo ou ser melodramática, mas quero lembrá-lo de que a perspectiva importa. Em nosso novo normal, devemos continuar vivendo nossa vida, apenas tentando fazê-lo da forma mais segura possível.

É SEGURO VOLTAR AO TRABALHO?

Todos nós temos empregos realmente diferentes, em ambientes de trabalho realmente diferentes. Alguns trabalham em um escritório com dez pessoas, outros trabalham em um escritório com mil pessoas, e outros não trabalham em um escritório, mas lidam com o público o dia todo. Quando falamos sobre se é seguro voltar ao trabalho e/ou como diminuir o risco no trabalho, a resposta depende em parte de seu trabalho específico. A outra parte da resposta não depende, e é a parte sobre a qual falaremos aqui.

Para começar, não posso dizer se é seguro para você voltar ao trabalho sem saber o que você faz para viver, quantos anos tem, como está sua saúde e os quatro fatores que já descrevemos para risco situacional: o tempo, o lugar, as pessoas e o ambiente de trabalho.

Em outras palavras, quanto tempo duram seus dias de trabalho? Seu ambiente de trabalho vai estar bem ventilado e/ou você poderá abrir janelas e portas? Com quantas pessoas você trabalhará? Elas estarão todas usando máscaras? Há muitas pessoas em seu ambiente de trabalho? Eu sugiro que você pondere essas considerações junto com sua própria saúde, fatores de risco e tolerância ao risco. Ao mesmo tempo, sei que muitas pessoas não podem escolher se voltarão ao trabalho. De qualquer forma, se você já voltou, decidiu que vai voltar ou não tem escolha no assunto, sugiro que faça tudo o que puder para tornar seu ambiente de trabalho o mais seguro possível.

Antes de voltar a atender os pacientes pessoalmente no meu consultório em Nova Jersey, planejei intencionalmente estratégias com minha equipe para torná-lo o mais seguro possível. Claro, tive diretrizes de segurança do Estado, mas as diretrizes são como livros de medicina: elas são ótimas para consultar, mas no final você tem que diagnosticar e tratar o paciente ou a situação com base em sintomas ou sinais individuais. Antes de reabrirmos, encontrei-me com minha assistente clínica, Ana, e minha gerente de prática, Carole, para apresentar um plano com a finalidade de aumentar a segurança dentro dos parâmetros de nossa prática sem interferir na qualidade do atendimento. Acontece que houve uma série de pequenas modificações que pudemos fazer que ofereceram grandes benefícios na era da pandemia.

Hoje, por exemplo, não usamos sala de espera nem área de recepção, mas pedimos aos pacientes para esperar em seus carros até que estejamos prontos para ligar para eles por telefone e acompanhá-los diretamente para uma sala de exame. Também pedimos aos pacientes que preencham um questionário (com um lápis descartável!) para ajudar a avaliar se podem ter sido expostos à Covid-19 depois de percorrer uma lista de perguntas com eles por telefone. (Nosso escritório é 99 por cento sem papel, mas nosso *software* do paciente não é adaptável a questionários *on-line* ou por celular.) Todos usam uma máscara e deixamos a porta da sala de exame aberta, assim como as janelas quando possível para melhorar a ventilação ao longo da consulta.

Também tomamos outras precauções, como limitar o tempo que falo com novas pacientes em meu consultório e encurtar o tempo de consulta para as pacientes de retorno. Antes da pandemia, eu normalmente passava uma hora com novas pacientes e trinta minutos com pacientes de retorno. Em nosso novo normal, encurtei esses tempos consideravelmente. Essas modificações não refletem como eu prefiro praticar a medicina, mas tento vê-las como sacrifícios necessários. Mesmo que eu consiga estender o tempo de consulta nos próximos anos, outras modificações permanecerão em vigor no futuro. A pandemia alterou permanentemente muitos aspectos do nosso mundo, então não é surpreendente que ir ao trabalho – ou ir ao médico, se você é um dos meus pacientes – também tenha sido alterado permanentemente.

Minha história de retorno ao trabalho é única, como a de todos, mas mostra algumas das verdades universais que agora temos que enfrentar em nosso novo normal. Aqui estão algumas das estratégias que recomendo para tornar o trabalho o mais seguro possível para todos os envolvidos:

- **Comece com palavras, depois ações.** Fale com seu empregador primeiro sobre quais medidas de segurança estão em vigor. Se você acredita que sua empresa poderia estar fazendo mais, diga – e não se preocupe com a possibilidade de parecer reclamão. A segurança em relação à saúde no trabalho tornou-se o equivalente a assédio sexual no local de trabalho: se alguém disser que não se sente confortável, seu empregador tem a responsabilidade de fazer alguma coisa sobre isso.
- **Siga o básico da Covid-19.** Todos deveriam estar fazendo as mesmas coisas no trabalho que fazem em todos os outros lugares: usar uma máscara. Respeitar o espaço do outro. Lavar as mãos regularmente. O fato de você estar passando até oito horas no trabalho não significa que você pode puxar a máscara para baixo – no mínimo, quanto mais tempo você passa em um local, mais importante é usar uma máscara sobre o nariz e a boca.
- **Chegue mais tarde ou saia mais cedo.** Converse com seu empregador sobre o escalonamento de horas de trabalho para reduzir o número de pessoas no escritório ou na empresa ao mesmo tempo.
- **Evite etapas extras.** Todos nós já ouvimos que devemos caminhar até a mesa de um colega em vez de enviar um e-mail ou ligar para passar menos tempo sentado. Mas, em nosso novo normal, quanto menos inte-

rações cara a cara você tiver, mais seguro será para todos. Para dar mais passos, saia e dê uma volta no quarteirão.

- **Abra janelas e portas.** Quando possível, abra as janelas para ajudar a ventilar as salas e reduzir o risco de exposição a possíveis partículas virais. Deixar as portas abertas entre as salas também faz aumentar a ventilação e o fluxo de ar.
- **Abandone o hábito de tomar café no escritório.** Cozinhas comuns, áreas de café e de alimentação não devem existir em nosso novo normal. Se existem no seu trabalho, evite-as.
- **Desista de ser um mártir.** Eu nem sei dizer quantas vezes ouvi pessoas no trabalho quase se gabando ao contar como estavam se sentindo mal na noite anterior. Eu entendo que algumas pessoas não recebem se não forem trabalhar e que outras têm um senso de responsabilidade muito forte para ficar em casa. De qualquer maneira, dinheiro ou número de responsabilidades não são motivo para colocar em perigo a saúde de outra pessoa. Admito, eu costumava achar que não podia tirar um dia de folga, mas, depois que fiquei em casa algumas vezes, uma coisa chocante aconteceu: o mundo continuou a girar. O seu também vai, eu prometo.

Um recado a todos os nossos trabalhadores essenciais

Para todos os balconistas de mercearia, motoristas de ônibus, entregadores de correio, farmacêuticos, profissionais de saúde, funcionários de restaurantes e outros trabalhadores essenciais: vocês sabem quem são. Os Estados Unidos agora sabem como vocês são essenciais e como seus empregos são arriscados, especialmente para muitas pessoas negras e pardas, que correm maior risco de exposição e desenvolvimento de complicações graves da Covid-19. Eu quero dizer que sei que vocês não têm controle sobre quando voltaram ao trabalho e que muitos de vocês não foram capazes de reduzir significativamente o número de fatores de risco que enfrentam enquanto estão lá. Por todas essas razões e muito mais, nosso país tem com vocês uma enorme dívida de gratidão.

Da dra. Jennifer Ashton para vocês: obrigada.

É SEGURO VIAJAR?

As pessoas estão ansiosas para viajar – ouço isso todos os dias de espectadores, pacientes, família e amigos que querem saber se é seguro voar, fazer uma viagem ou ficar em um hotel. Já que cada viagem é única, sugiro analisar quatro fatores fundamentais antes de decidir: tempo, lugar, pessoas e espaço.

» **Tempo:** Por quanto tempo você vai viajar?

» **Lugar:** Você vai viajar de avião, carro, trem ou ônibus? E você também estará em um aeroporto, terminal de trem ou rodoviária?

» **Pessoas:** Com quem você vai viajar? Por exemplo, você vai seguir no carro com alguém da sua casa ou quatro amigos de famílias diferentes? Todos usarão máscaras ou a companhia aérea/ferroviária/rodoviária é conhecida por impor sua política de uso de máscaras?

» **Espaço:** Os meios de transporte serão muito lotados? A companhia aérea/ferroviária/rodoviária limita a capacidade ou tem uma política de assentos livres?

Agora, pense no seu destino. Você vai viajar para um lugar com alta incidência de Covid-19 ou outras doenças? Lembre-se de não ignorar outros problemas específicos dos destinos, como viroses, que podem ser um risco mais provável do que o coronavírus. Além disso, o que você fará enquanto estiver lá? Por exemplo, você vai acampar na floresta com sua família, onde pode ficar exposto a doenças transmitidas por carrapatos, como doença de Lyme ou babesia, ou está planejando passear por uma grande cidade com milhares de outras pessoas? Enquanto muitos ficam presos ao medo de voar ou dirigir, as variáveis de seu destino são tão importantes quanto a forma como você vai chegar lá.

A verdade sobre viagens aéreas

Embora muitos tenham medo de voar, a verdade sobre as viagens aéreas em nosso novo normal é que podem ser um dos meios mais seguros de transporte público. Enquanto surtos de Covid-19 ocorreram em cruzeiros, festas pessoais e conferências de negócios, até agora não houve um relatório publicado de um surto ocorrido em um avião.

Viajar de avião, em geral, também é mais seguro do que pegar um trem ou um ônibus. Por quê? Como o capitão Tajer explicou, os aviões comerciais têm filtros de ar HEPA, que ajudam a limpar o ar da cabine de partículas que são do mesmo tamanho e até menores do que as de coronavírus.[1] Os filtros HEPA também fazem o ar circular pela cabine uma vez a cada vários minutos, fornecendo um grau de ventilação que você não encontrará normalmente em trens, ônibus ou outros meios de transporte público.[2] A maioria das companhias aéreas também tem políticas de máscaras obrigatórias estritas que são aplicadas pelos comissários de bordo (em comparação com trens ou ônibus, onde os funcionários podem não ter a mesma supervisão dos passageiros). Algumas companhias aéreas também bloqueiam a venda de assentos do meio em aviões, o que ajuda significativamente a reduzir densidade e risco.

Por essas razões, estima-se que os passageiros das companhias aéreas tenham 1 em 4.300 chances de pegar Covid-19 durante um voo de duas horas se todos estiverem usando máscara, de acordo com um estudo do MIT.[3] Essas chances caem consideravelmente – de 1 em 7.700 – em voos onde o assento do meio é deixado vazio.[4] Compare isso com 1 em 5.900 chances que você tem de pegar Covid-19 fazendo suas tarefas diárias nos Estados Unidos, segundo os pesquisadores. Quanto às suas chances de morrer de Covid-19 se for infectado com o vírus em um avião, o estudo do MIT colocou o risco de morte em 1 em 400 mil para voos completos e 1 em 600 mil se o assento do meio for deixado vazio.[5]

Conclusão: Você pode se sentir muito seguro voando em nosso novo normal. Também pode aumentar a segurança de sua viagem seguindo estas dicas:

» Escolha uma companhia aérea que bloqueie a venda de assentos do meio.

» Reserve um assento na janela para manter distância das pessoas em movimento no corredor.

» Faça check-in *on-line* para minimizar o contato pessoal.

» Imediatamente após o embarque, limpe a mesa da bandeja, apoios de braços e qualquer outra coisa que você possa tocar, principalmente para evitar a disseminação de outras doenças infecciosas, como gripe e norovírus.

» Considere o uso de proteção para os olhos. Embora não seja uma recomendação oficial do CDC, dr. Anthony Fauci e outros infectologistas dizem que usar algum tipo de proteção para os olhos, como óculos, óculos de leitura, óculos de sol ou protetores faciais, *faceshields*, pode ajudar a proteger as membranas mucosas dos olhos de possível exposição a partículas virais. Embora você não precise usar proteção para os olhos no dia a dia, sugiro adotar o hábito sempre que estiver dentro de um espaço fechado por um período prolongado. Apenas lembre-se de que usar proteção para os olhos, como um escudo facial, NÃO substitui o uso de máscara.

Claro, um avião não é o único espaço em que você estará durante uma viagem aérea. A boa notícia é que a maioria dos principais aeroportos é grande e você pode se manter a dois metros dos outros com facilidade – algo que é um pouco mais difícil de conseguir em estações de trem movimentadas e terminais de ônibus. Lembre-se de sempre usar sua máscara e se manter em movimento para evitar respirar o mesmo ar de uma pessoa por um longo período.

Uma vantagem de viajar de avião em nosso novo normal: menos pessoas podem ficar doentes com resfriados, problemas estomacais, gripes e outras doenças infecciosas, graças às novas políticas de uso de máscara e voos menos cheios.

O jeito mais seguro de viajar: em seu próprio carro

A maneira mais segura de viajar para qualquer lugar em nosso novo normal é sozinho em seu próprio carro, onde você não vai respirar as gotículas respiratórias de outra pessoa. Dito isso, poucas pessoas fazem longas viagens rodoviárias sozinhas – gostamos de ir com família e amigos.

Talvez não surpreenda que a pessoa mais segura para uma viagem em uma pandemia é alguém com quem você vive. Mas fazer isso não garante segurança completa. Como você passará horas em um espaço muito pequeno com a mesma pessoa, estará mais exposto às gotículas respiratórias diretamente e por um longo período do que estaria se estivessem fazendo as atividades diárias na mesma casa. Por essas razões, é importante pensar em fazerem o teste para Covid-19 ou uma quarentena em casa por 14 dias antes de entrarem no carro e ficarem juntos por horas a fio. Se você escolher andar com alguém de fora de sua casa ou seu grupo de contato, sugiro que todos façam o teste ou fiquem em quarentena por duas semanas (ou o máximo possível) antes da viagem.

Se você quiser aumentar a segurança de todos enquanto estiver no carro, mantenham os vidros das janelas abaixados com a maior frequência possível e usem máscaras. Se você parar para abastecer ou comer, cuide para que todos lavem bem as mãos antes de voltarem para o carro.

Hotéis: provavelmente mais seguros do que você pensa

Muitas pessoas me perguntam se é seguro ficar em um hotel ou um motel. Pessoal e profissionalmente, acredito que a resposta é *sim*. Embora não entendamos a facilidade com que o coronavírus pode ou não ser transmitido por meio de aquecimento, ventilação e ar-condicionado (HVAC) (veja quadro na página 243), parece agora que os sistemas de ventilação não representam uma ameaça significativa de transmissão de Covid-19.

Outra razão pela qual os hotéis podem ser seguros: você provavelmente vai ficar sozinho ou com outra pessoa. Embora um quarto de hotel não seja equivalente a uma sala de pressão negativa dentro de um hospital, você ainda estará em relativo isolamento. O quarto foi limpo com antecedência, e você pode tomar medidas adicionais de desinfecção, limpando as superfícies de alto contato quando chegar. Melhor ainda, se possível, abra as janelas assim que fizer o check-in e saia para uma caminhada enquanto o ar fresco circula pelo quarto. Se você não se sentir confortável para dar um passeio, use uma máscara nas primeiras horas dentro do quarto para evitar a respiração das gotículas respiratórias do pessoal da limpeza (que provavelmente usava máscara) ou de outros ocupantes anteriores (que provavelmente fizeram o check-out horas antes de você chegar).

Em suma, hospedar-se em um hotel pode ser mais seguro do que passar a noite com amigos ou familiares que não fazem parte do seu grupo de contato. Quando você fica com outras pessoas, é muito difícil evitar a respiração de suas gotículas respiratórias. Você não só estará imerso no mesmo ar por horas a fio, como não será capaz de usar uma máscara ao comer, beber e dormir. Você também pode ter menos controle sobre a possibilidade de abrir janelas e portas.

Se você optar por ficar em um hotel, tenha em mente que não é apenas o quarto, mas todo o hotel que fará parte da sua experiência. Opte pelo check-in e check-out sem contato, evite entrar em elevadores com outras pessoas e fique longe de bufês de café da manhã e áreas de café.

A Covid-19 pode ser transmitida por sistemas HVAC?

Todos os especialistas em doenças infecciosas com quem conversei dizem que não acreditam neste momento que a propagação de Covid-19 através dos sistemas de aquecimento, ventilação e ar-condicionado HVAC (em inglês, *Heating, Ventilation and Air Conditioning*) represente um risco significativo. Embora os estudos sugiram que o vírus pode sobreviver em dutos de ar, detecção não significa infecção, e há evidências inconclusivas que mostram se a doença pode ser prontamente espalhada por sistemas HVAC.[6] Os sistemas HVAC, por natureza, removem partículas e trocam o ar interno por ar externo, o que pode até ajudar a reduzir o risco de propagação da Covid-19.[7] Para aumentar a eficácia do seu sistema HVAC em tempos de pandemia, a Organização Mundial da Saúde recomenda aumentar a porcentagem de ar externo que utiliza, junto com seu potencial de filtragem.[8] A OMS sugere rodar um sistema HVAC por duas horas antes ou após a ocupação. Por esse motivo, você pode ligar o aquecimento ou o ar--condicionado ao fazer o check-in e sair do hotel.

É SEGURO IR À ACADEMIA?

Como você sabe que eu amo academia, provavelmente não ficará surpreso ao saber que este tópico tem sido um grande ponto de interrogação para mim. Eu perdi minha rotina regular de ginástica todos os dias desde que a pandemia começou, assim como muitos outros adeptos de exercícios. Você pode não adorar malhar, mas para muitas pessoas não poder ir a uma academia ou fazer uma aula de ginástica gerou uma carga significativa de estresse físico e psicológico.

Apesar do meu desgaste mental e emocional, não agarrei a chance de levantar pesos dentro de uma academia ou de pedalar na cidade com amigos. As academias sempre foram locais propícios para infecções, dado o número de pessoas suando, respirando com dificuldade, tocando o equipamento e também tocando o rosto dentro de um espaço fechado. Elas costumam ficar lotadas, e as pessoas tendem a ficar lá por até uma hora ou mais a cada vez. Adicione a isso um vírus de doença respiratória que é mais fácil de contrair por meio de respiração ofegante, e você vai entender por que eu e muitos outros pensamos duas vezes antes de frequentar esse lugar tão popular.

Mas todo mundo é diferente, e o fato de eu não me sentir confortável malhando dentro de uma academia não significa que você também não se sentirá e não possa se sentir seguro enquanto malha. Para avaliar o risco de usar uma academia, comece avaliando sua saúde física. Se você está em um grupo de alto risco para complicações graves da Covid-19 ou mora com alguém de grupo de risco, pode encontrar maneiras alternativas de malhar que não envolvam um ambiente interno (veja o capítulo 5 para pegar ideias).

Se você não é do grupo de alto risco, a resposta a se é seguro para você treinar dentro de uma academia ou não depende em parte das instalações. Algumas academias exigem que os alunos façam reservas ou limitam sua capacidade; outras também podem fazer verificação de temperatura e/ou fazem com que os alunos respondam a questionários sobre possível exposição à Covid-19 antes do treino. Algumas academias também abrem janelas ou têm áreas ao ar livre para maior ventilação.

Muitas têm uma política rígida de uso de máscara – se os funcionários a aplicam, é outra coisa a ser analisada –, deixam os equipamentos a dois metros de distância uns dos outros e desinfetam rotineiramente as áreas compartilhadas. Quanto mais medidas uma academia tomar, mais seguro será para você ir.

Dito isso, eu evitaria fazer aula de *fitness indoor*, *spinning* ou ioga com outras pessoas. Esse tipo de aula normalmente envolve várias pessoas malhando em uma pequena sala fechada por até uma hora, respirando o mesmo ar. Em uma aula interna, você se expõe às gotículas respiratórias de outras pessoas, que é a principal forma de transmissão da Covid-19 (e de muitas outras doenças respiratórias). Considere fazer essas aulas ao ar livre ou *on-line*, se forem oferecidas.

Para diminuir ainda mais o risco ao ir à academia, considere estas dicas adicionais:

» Frequente apenas academias que ofereçam uma política de reserva ou limitem a capacidade total. Quanto menos pessoas dentro de uma academia, menor seu risco de pegar uma doença infecciosa.

» Se você quiser se exercitar em uma academia sem uma política de reserva, vá fora do horário de pico ou ligue com antecedência para checar se o local não está lotado.

» Fique o mais longe possível de outras pessoas enquanto se exercita, especialmente se você ou outra pessoa estiver respirando de modo ofegante. A distância de três metros é melhor do que dois, quando as pessoas estão respirando de modo ofegante, mas a distância de dois metros é melhor do que meio.

» Não toque seu rosto. Isso é fácil de esquecer no dia a dia e ainda mais fácil quando você está se esforçando fisicamente.

» Limpe todo o equipamento antes e depois de cada uso. Não presuma que os funcionários da instalação ou outros alunos farão isso por você.

» Sempre use máscara. Eu sei que é tentador removê-la quando você está malhando, mas não deveria, especialmente quando está participando de uma atividade de alto risco, como fazer exercícios em locais fechados com outras pessoas.

É SEGURO COMER EM RESTAURANTES?

Antes da pandemia, eu adorava comer em todos os restaurantes incríveis de Nova York e Boston e fazia isso regularmente. Hoje, porém, não como em nenhum restaurante, seja nas mesas de dentro ou de fora. Apesar de me solidarizar imensamente com a indústria de restaurantes e tentar ainda apoiá-los pedindo comida para viagem e entrega, eu simplesmente não me sinto confortável sentada a menos de dois metros de outra pessoa por cerca de noventa minutos, sem máscaras na hora de comer e beber. Dado o fato de eu atender pacientes e trabalhar em um escritório todos os dias, não é um risco adicional que estou disposta a correr.

Como saber se comer em um restaurante é um risco que você pode correr? Talvez nenhuma outra atividade possa ser mais bem analisada com nossos quatro fatores de tempo, lugar, pessoas e espaço do que jantar com outras pessoas:

» **Tempo:** Quanto tempo você vai ficar no restaurante?

» **Lugar:** Você vai comer em ambiente aberto ou fechado? Se fechado, o restaurante tem janelas abertas ou a porta da frente estará entreaberta?

» **Pessoas:** Quantas pessoas estarão dentro do restaurante? Ou quantas estarão nas suas imediações se você estiver comendo fora?

» **Espaço:** O restaurante é grande com teto alto ou é um salão pequeno? As mesas estão separadas por pelo menos dois metros? É um lugar barulhento onde as pessoas podem estar falando alto, emitindo, assim, mais partículas no ar?

Ao avaliar esses fatores, você pode decidir que comer dentro de um restaurante é uma das coisas mais arriscadas que pode fazer agora, especialmente porque as pessoas não usam (e realmente nem poderiam) máscaras enquanto comem e bebem.

Outra maneira de ver isso: Qual é a pior coisa que pode acontecer se você comer em um restaurante? Digamos que você esteja sentado ao lado de alguém com Covid-19 que não esteja usando máscara. Digamos ainda que o fluxo de ar dentro do restaurante ou a brisa, se você estiver fora, seja adequado para direcionar as gotículas respiratórias da pessoa na sua direção por um período. Vamos supor também que você não esteja usando uma máscara porque está comendo e bebendo. Isso é um alto risco de exposição.

Quero deixar uma coisa clara: não há nada que um restaurante possa fazer para tornar sua experiência mais segura além de separar as mesas, colocar barreiras de plexiglass ou de plástico entre as mesas do lado de fora, exigir máscaras e manter janelas e portas abertas ao permitir que clientes fiquem do lado de dentro. (Cientistas especialistas dizem que, na melhor das hipóteses, as barreiras de plexiglass são úteis apenas contra gotas grandes de saliva e, na pior das hipóteses, não ajudam em nada contra partículas menores que sejam pulverizadas.) Além disso, se alguém com Covid-19 entra em um restaurante e tira a máscara por duas horas para comer e beber, não importa a distância entre as mesas ou se a ventilação é boa: isso é um risco significativo de exposição. Mas o fato de seu garçom estar usando máscara não deve dar a você uma falsa sensação de segurança: garçons e garçonetes visitam as mesas por poucos minutos de cada vez. Então, é com todas as outras pessoas sentadas no restaurante que você tem que se preocupar.

Comer ao ar livre é definitivamente mais seguro quando se trata de transmissão de Covid-19, assim como todas as atividades ao ar livre. Mas tenha em mente que você ainda pode ficar no fluxo de ar direto de alguém com o vírus por várias horas seguidas, enquanto nenhum de vocês estiver usando máscara.

Em suma, não há respostas fáceis quando se trata de comer fora em restaurantes. Eu incentivo você a considerar se a recompensa faz o risco valer a pena. Ao fazer isso, tente (por mais difícil que seja) separar as evidências da emoção: a maioria de nós, inclusive eu, adoraria comer fora sempre que possível, mas isso não significa que devemos fazê-lo.

Uma coisa com a qual você pode se sentir bem se decidir comer fora: não há absolutamente nenhuma evidência de infecção por Covid-19 porque um garçom respirou sobre sua comida ou carregou um prato pelo ar com partículas virais. Também não há evidências de que você pode contrair o vírus da comida que foi feita por alguém infectado com Covid-19. Repito, este é um vírus respiratório, e o principal meio de transmissão é por gotículas respiratórias no ar.

É seguro usar um banheiro público?

Os banheiros públicos são verdadeiras placas de Petri, como a maioria das pessoas sabe. Eles são pequenos espaços fechados com muitas superfícies muito tocadas. Além disso, o vírus foi detectado em urina e fezes, e já se sabe que ele sobe ao ar quando a descarga do banheiro é dada. Dito isso, se você tem que usar um banheiro público, não deve sentir medo. Use uma máscara, minimize o tempo que você passa lá e lave bem as mãos antes de sair. Lembre-se também de que você provavelmente não pensava duas vezes antes de usar um banheiro público antes da pandemia de coronavírus, embora ele já abrigasse (e ainda abriga) muitas doenças desagradáveis, como rotavírus e norovírus, que podem ser transmitidas por meio de fezes contaminadas.

É SEGURO IR AO SALÃO DE BELEZA?

Antes do início do surto de coronavírus, ir ao salão fazia parte de minha rotina de autocuidado. Sempre achei relaxante fazer meu cabelo ou uma manicure ou pedicure – atividades que me fazem sentir que estou cuidando de mim e me alimentando. (Além disso, isso me ajuda a não assustar meus pacientes ou nossos espectadores da ABC!) Mas, em nosso novo normal, tive que repensar se essas atividades valem o risco. Ao fazer isso, explorei se existem alternativas viáveis para estar em um lugar público com outras pessoas. Eu fiz isso com outras atividades deste capítulo também. Por exemplo, em vez de comer em um restaurante, posso passar no restaurante e levar para casa – e, para mim, essa é uma alternativa muito viável com um risco muito, muito menor.

Mas no caso do salão de beleza, não encontrei muitas alternativas viáveis. Apesar de ter aprendido a cuidar de minhas próprias unhas e conseguir viver sem manicure, não consigo fazer a mesma coisa com meus pés, por mais que tente – eles precisam de ajuda profissional. E fazer meu próprio cabelo não é realmente uma opção porque apareço na TV todos os dias. Por essas razões, tomei a decisão de ir a salões ocasionalmente para fazer o cabelo e as unhas.

Dito isso, não estou indo a todos os cabeleireiros ou manicures que vejo pela cidade sempre que meu cabelo está esquisito ou as unhas de meus pés estão um pouco malcuidadas (apesar do fato de haver salões de cabeleireiro e manicure em quase todas as esquinas da cidade e de as unhas de meus pés sempre estarem meio malcuidadas). Na verdade, tento ser seletiva sobre quando, onde e com que frequência vou.

Se você já vai ao salão regularmente ou está pensando em ir, aqui estão as dicas que utilizo para tornar a experiência mais segura:

» Repense quantas vezes você vai. Você pode usar um produto especial para retocar a cor do seu cabelo ou nas unhas em casa para ajudar a durar mais tempo? Você poderia tentar um tratamento facial em casa ou pedir que seu companheiro faça uma massagem em seus ombros? Como bônus, quanto mais tempo você ficar sem esses serviços, mais dinheiro vai economizar.

» Ligue para os salões com antecedência para descobrir quais são as medidas de segurança do lugar. Alguns oferecem barreiras de plástico ou acrílico entre os clientes e/ou entre você e o profissional. (Mas note que alguns cientistas especialistas consideram essas barreiras "inúteis", já que as partículas podem passar ao redor e por cima delas.) Além disso, alguns salões fazem verificação de temperatura e/ou limitam o número de clientes. Quanto mais medidas de segurança em vigor, menor será o risco possível.

» Marque uma consulta fora do horário de pico se sua programação permitir. Mesmo que o salão limite a capacidade, é mais provável que você encontre menos pessoas em uma manhã de segunda-feira do que em uma sexta-feira ou um sábado à tarde.

» Não espere dentro do local antes de seu horário. Peça à recepcionista, ao cabeleireiro ou à manicure para chamá-lo quando estiverem prontos para atendê-lo.

» Peça ao seu massagista, esteticista, cabeleireiro ou manicure para abrir janelas e portas para aumentar a ventilação. A maioria dos locais concorda em fazer isso, especialmente se você explicar que é mais seguro para todos.

» Use máscara e proteção para os olhos.

» Use pagamentos sem contato como Venmo ou Apple Pay sempre que possível e deixe gorjetas em dinheiro em envelopes.

É SEGURO IR A TEMPLOS RELIGIOSOS?

Durante séculos, templos religiosos ajudaram a alimentar a disseminação de doenças infecciosas – e a pandemia de coronavírus não é diferente. Igrejas na Coreia do Sul, por exemplo, ajudaram a impulsionar o surto inicial no país, junto com uma segunda onda meses depois.[9] Em uma missa no Arkansas, 35 fiéis adoeceram, três deles morreram logo no início da pandemia nos Estados Unidos.[10]

Em julho de 2020, 650 casos de Covid-19 foram associados a quase 40 eventos religiosos em todo o país.[11] Além disso, relatórios publicados sugerem que algumas infecções ocorreram em templos religiosos onde os fiéis usavam máscara e seguiam as regras de distanciamento social.[12]

O que torna os templos religiosos tão arriscados em nosso novo normal? Por natureza, igrejas, mesquitas e sinagogas atraem muitas pessoas em um pequeno espaço ao mesmo tempo. Eles geralmente incluem sermões altos e pessoas cantando, atividades que comprovadamente transmitem mais partículas virais. Além disso, as pessoas costumam abraçar, beijar ou apertar as mãos em templos religiosos, mesmo em nosso novo normal, quando fazer isso não é aconselhável.

Quando você aplica nossos quatro fatores – tempo, lugar, pessoas e espaço –, as respostas muitas vezes apontam que um templo religioso será um local de risco moderado a alto. A maioria dos eventos religiosos tem pelo menos uma hora de duração e é realizada em ambientes fechados, muitas vezes em espaços mal ventilados, onde as pessoas costumam cantar, emitindo com força as partículas virais no ar. Por essas razões, epidemiologistas classificaram os serviços religiosos como atividades de alto risco.[13]

Eu entendo que os serviços religiosos são uma parte fundamental da vida de muitas pessoas – e desistir deles, para muitos, simplesmente não é uma opção. Se você decidir participar de um evento religioso, reconheça o risco e use máscara e proteção para os olhos. Encontre um local que tenha uma política de máscara e medidas de distanciamento social. Se puder, escolha um local onde as pessoas não cantem e/ou que priorize a oração silenciosa. Não compartilhe hinários ou outros itens de adoração. Finalmente, fale com os líderes da igreja ou da sinagoga sobre abrir janelas e portas se ainda não o fizeram, mesmo nos meses mais frios.

Se você não precisa comparecer pessoalmente, considere os serviços virtuais, que foram a forma que escolhi desde o início da pandemia.

Como muitos eventos são transmitidos ao vivo, você pode sentir que está dentro de sua igreja, sinagoga ou mesquita, mas sem nenhum risco. Se você sente falta de interagir com outros fiéis ou líderes espirituais, participe de um evento ao ar livre como um piquenique na igreja.

É SEGURO IR A MUSEUS, TEATROS E SHOWS?

Primeiro, algumas boas notícias: nenhuma outra categoria neste capítulo pode fornecer alternativas mais seguras e viáveis aos eventos presenciais do que a arte. Museus, teatros, companhias de dança, artistas da Broadway, músicos, cineastas e outros artistas ou organizações de arte entraram no nosso novo normal para oferecer uma tonelada de exposições, shows e performances *on-line*. Assistir de modo virtual obviamente não é o mesmo que ver essas coisas ao vivo, mas certamente ajudam a aliviar a vontade enquanto mantêm você e sua família seguros. Da mesma forma, você agora pode encontrar muitas exibições e performances ao ar livre, que são muito mais seguras do que as apresentações em locais fechados.

Sua aposta mais segura, se você precisa de uma dose de cultura, pode ser ir a um museu. Em um museu, você pode ir de um lugar para outro, encontrando áreas que são menos lotadas e também evitando respirar o mesmo ar das mesmas pessoas por um longo período. Quase nunca se fala ou se canta alto em um museu por regra, e você pode facilmente escolher visitá-lo fora do horário de pico. Pessoalmente, acho museus mágicos à noite, e geralmente é quando eles estão menos lotados.

Os cinemas são mais complicados – e potencialmente mais arriscados. Em um cinema, você fica sentado no mesmo lugar por até três horas e pode estar no fluxo de ar direto de alguém com Covid-19, mesmo se essa pessoa estiver a mais de dois metros de você. Mas todos devem usar máscara, o que torna a atividade hipoteticamente mais segura do que jantar em um restaurante. Dito isso, eu evitaria ir a um cinema que vende comida ou bebida para que ninguém tire sua máscara para mastigar ou beber. Ligue com antecedência para ter certeza de que o cinema ao qual pretende ir fechou a venda de alimentos por esse motivo.

De todas as expressões artísticas, shows ao vivo podem ser os mais arriscados em nosso novo normal porque, assim como os templos religiosos, muitos têm pessoas cantando e falando. Os shows com cadeiras têm os mesmos riscos dos teatros comuns, enquanto os assentos inferiores incluem a possibilidade de as pessoas não manterem uma distância de pelo menos dois metros durante todo o show. Se você sente falta de música ao vivo, procure locais de música ao ar livre onde o risco de transmissão é muito menor. Alguns shows famosos foram realizados ao ar livre em anfiteatros e podem ser uma alternativa mais segura, especialmente se você usa máscara e segue as medidas de distanciamento social.

Usando as informações deste capítulo, você pode se sentir fortalecido para tomar as melhores decisões para você e sua família sobre como se manter seguro em locais públicos. Embora você nunca possa negar o risco de adoecer por Covid-19 ou por qualquer outra doença infecciosa, se ela existe em sua vila ou sua cidade, você pode aprender a navegar por espaços compartilhados com mais segurança. Também pode tomar decisões sobre o que fazer e não fazer em espaços públicos a partir de um local de conhecimento, e não de suposição, percepção equivocada ou medo. Lembre-se de que a Covid-19 estará conosco por muitos anos. Aprender a viver com segurança com o vírus – e qualquer outro patógeno que possa chegar – e continuar a aproveitar sua vida permitirá que você fique feliz e saudável em nosso novo normal.

CAPÍTULO 11

Pontos positivos

Não houve falta de pontos positivos originados no surto de coronavírus. Você provavelmente já ouviu falar sobre alguns deles, se não experimentou alguns: famílias passando mais tempo juntas, amigos se reconectando, todos cozinhando mais, milhões finalmente encontrando tempo para desacelerar, respirar e descobrir novas paixões que ajudaram a transformar suas vidas ou seus meios de subsistência.

Se você perdeu um ente querido, pode ter dificuldade para encontrar qualquer ponto positivo – e é compreensível. O mesmo acontece a qualquer pessoa que tenha perdido o emprego, a casa ou os negócios. Nada pode compensar essas perdas, eu percebo. No entanto, sem nenhuma perda, pontos positivos não poderiam existir. Por definição, são necessárias algumas nuvens escuras para o sol parecer depois, o que chamamos de bonança depois da tempestade. E procurar pontos positivos com certeza é melhor do que permanecer na escuridão sem nenhum sol para iluminar as trevas.

Neste capítulo, não quero forçar ninguém a tentar encontrar um lado bom. E não quero recontar histórias pessoais de resultados positivos da pandemia, por mais incríveis que sejam, porque elas são únicas para cada pessoa. O que eu quero fazer é compartilhar com você as lições boas que a pandemia nos ensinou. Quais são as lições boas? São as duras realidades que aprendemos durante o surto, e, embora sejam difíceis de entender, agora temos a oportunidade de tirar vantagem da adversidade e aproveitar essas lições para melhorar a nós mesmos e nossa vida.

Deixem-me contar o que aconteceu comigo. Vários meses depois do início do surto, eu estava no set me preparando para gravar o *GMA3* quando olhei para Amy Robach, a coâncora do programa e minha amiga por quase dez anos, desde que comecei na ABC News. Naquela altura da pandemia, vínhamos fazendo horas extras há semanas, como dezenas de outras pessoas da ABC News, para contar sobre o vírus, sobre o que estava acontecendo ao nosso redor em Nova York e no resto do país e do mundo.

Quando olhei para Amy, flashes de nossa amizade surgiram em minha mente. Eu estava com ela em um caminhão de mamografia móvel, por exemplo, quando ela fez sua primeira mamografia que detectou um câncer de mama. Anos depois, ela foi uma das primeiras pessoas com quem eu trabalhava a quem contei que estava me divorciando de meu então marido, Rob. Vários meses depois, ela se tornou uma das minhas fortalezas quando Rob pôs fim à sua vida. Nós também ficamos chocadas com a morte de um dos operadores de câmera do *Good Morning America* devido à Covid-19. Ela sempre me inspirou no início do surto e me motivou, tanto profissional quanto pessoalmente.

Apesar dessas dificuldades, lá estávamos nós, ainda vivas e no set, cobrindo a pandemia para um programa visto em todo o país por milhões de pessoas. Mas agora não era só Amy enfrentando um câncer de mama ou eu sofrendo com a morte do meu ex-marido – éramos todos nós, todos no set e todos assistindo de casa, sofrendo por uma provação profunda e universal. E ainda lá estávamos todos nós – não apenas sobrevivendo, mas funcionando e até mesmo avançando de uma maneira que nunca pensamos ser possível.

Quando olho para o surto inicial, ainda não consigo acreditar nisso. Dia após dia, por meses a fio, fui ao ar por até 13 horas por dia, processando, analisando e integrando quantidades enormes de notícias médicas. Fiz isso porque eu tinha que fazer – eu não tinha outra escolha. Eu me mantive firme por mim, por minha família de trabalho na ABC News e pelo trabalho que adoro. Eu me mantive firme pelos 11 milhões de espectadores que confiavam em mim para obter informações precisas e honestas. E eu me mantive firme porque sabia que, entre os milhões de espectadores, havia duas pessoas sempre me olhando: meus filhos. E não havia maneira de eu me permitir decepcioná-los.

Embora suas circunstâncias sejam, sem dúvida, diferentes, sua história é a mesma que a minha: você se manteve firme. Todos nós nos mantivemos. Você se manteve firme de uma forma ou de outra, seja para você, sua família, seus colegas, seus vizinhos ou simplesmente os estranhos que você encontra na rua ou nas lojas todos os dias. Nós todos nos mantivemos firmes a nosso próprio modo, e, como resultado, cada um de nós está mais resiliente agora do que em dezembro de 2019.

Enquanto outras grandes crises – guerras, fome, desastres naturais, o Onze de Setembro – nos mostraram quanta força algumas pessoas têm, o surto de coronavírus mostrou o poder dentro de nós. Ao contrário de outras crises, a pandemia foi global, não regional ou específica para uma determinada cidade ou país. Além disso, não houve maneira de ninguém escapar – você não podia entrar em um avião e voar para longe da zona de perigo, esconder-se em áreas remotas do país (afinal, regiões rurais também concentraram muitos casos) ou comprar algo que lhe garantisse a proteção contra a infecção.

Talvez mais profundamente, a pandemia tenha durado mais de um ano – não dias ou semanas –, nos batendo e nos maltratando ao longo do tempo. Isso, por sua vez, fez uma pequena rocha de resiliência se formar dentro de todos nós, não muito diferente de um diamante precioso que não enfraquece nem desbota com o tempo. Para mim, esse aumento universal na resiliência das pessoas é uma das maiores lições dos pontos positivos da pandemia inteira: tempos difíceis criam pequenas bases de força dentro de todos que passam por eles.

Aprendemos outras lições importantes também. Muitas, à primeira vista, podem parecer mais resultados negativos do que positivos. Mas em cada uma dessas lições difíceis há uma oportunidade para aproveitar as dificuldades e melhorar a nós mesmos e nossa vida.

Isso me lembra o que acontece com algumas de minhas pacientes. Em meus vinte anos como médica, tive que contar a muitas o inimaginável: elas tinham câncer, por exemplo, ou o exame deu positivo para HIV; seu bebê morreu antes de nascer; elas não podiam ter filhos. Esses são diagnósticos difíceis de enfrentar, mas em alguns pacientes a adversidade abre algo incrível. Meses depois, algumas pacientes voltavam e me diziam: "Sabe de uma coisa, dra. Ashton? Ter câncer (*ou doença X, Y ou Z*) foi a melhor coisa que já me aconteceu". Elas então me explicavam que, antes de ficarem doentes, sentiam como se estivessem sempre correndo em uma esteira, mas o diagnóstico as obrigou a parar, aprender a saborear o momento presente, começar a viver a vida novamente e priorizar o que era importante.

Essa não é uma história incomum – você pode ter ouvido algo semelhante de alguém que conhece. Ou talvez até tenha experimentado isso pessoalmente. De qualquer forma, nem todo paciente pode ver, muito menos tirar algo bom de um diagnóstico difícil. Mas os pontos positivos sempre existem, e cabe a você aproveitar o que aprendeu e transformar uma situação infeliz em uma incrível oportunidade.

O novo normal mudou a forma como olhamos para os pontos positivos. Embora tradicionalmente sejam coisas que reconhecemos apenas depois de um tempo, a pandemia nos obrigou a procurar pontos positivos agora, em tempo real – a duração e a natureza perturbadora de nosso novo normal não nos dão o luxo de olhar para trás. Precisamos ser capazes de detectar os pontos de claridade nas nuvens enquanto a tempestade ainda está ocorrendo. Isso nos permite não apenas manter a sanidade, mas também aprender as lições que os pontos positivos podem nos ensinar para que possamos formar mais resiliência para resistir à tempestade ainda mais.

Na primeira parte deste capítulo, quero compartilhar com você as lições com pontos positivos que todos podemos usar para melhorar a nós mesmos e nossa saúde. Na segunda metade do capítulo, quero compartilhar as lições positivas da pandemia que acredito que podemos usar para melhorar a medicina e o futuro da saúde para todos.

Não estou falando apenas sobre saúde no que se refere a países ou sistemas hospitalares – estou falando sobre os cuidados de saúde para VOCÊ e sua família.

LIÇÕES POSITIVAS PARA A VIDA

Dificuldades podem preparar pessoas comuns para coisas extraordinárias, especialmente se você reservar um tempo para reconhecer pelo que tem passado e conscientemente observar o que aprendeu a fazer para se tornar mais saudável e feliz. Estas não são lições abstratas que aprendemos durante a pandemia, mas verdades reais e tangíveis para colocar em prática se quisermos. Aqui estão quatro maneiras de fazer isso e tirar o máximo da maioria das dificuldades pelas quais passamos.

Lição positiva nº 1: Somos todos responsáveis por nossa própria saúde

A pandemia de coronavírus revelou uma verdade fundamental sobre a condição humana que muitos nunca tiveram que enfrentar: no final das contas, cada um de nós é responsável pela própria saúde e bem-estar. A pandemia provou que as instituições não podem necessariamente nos salvar – o governo, a tecnologia e a medicina nem sempre podem prevenir ou derrotar o infortúnio. Na verdade, cabe a cada um de nós assumir o controle sobre o destino de nosso próprio corpo e nosso bem-estar. Em outras palavras, a saúde individual começa e termina com uma pessoa: aquela que vemos no espelho todos os dias.

Essa pode ser uma verdade difícil de enfrentar, mas é importante e empoderadora. Depois de aceitar que você é o maior responsável por si mesmo, pode assumir a responsabilidade por seu próprio bem-estar. Quem fez isso em nosso novo normal perdeu peso, tratou problemas crônicos, como diabetes, voltou a fazer exercícios, finalmente encontrou o ímpeto para tratar um problema de saúde mental ou reconquistou o controle de outra área de sua saúde ou felicidade.

Assumir o controle de nosso bem-estar pessoal também significa aprender o básico sobre quando ir ao pronto-socorro, quais medicamentos podemos precisar e por quê, como interpretar notícias médicas e como tomar boas decisões – ou encontrar os médicos certos que podem nos ajudar a tomar boas decisões – sobre nossa própria saúde.

Ao longo deste livro, me esforcei para mostrar o que podemos fazer para nos adaptarmos melhor ao nosso novo normal, a fim de melhorar nossa saúde e nossa felicidade e nos tornarmos mais autossuficientes e resilientes. Em vez de deixar um vírus decidir que não podemos nos exercitar, por exemplo, porque não é seguro estar em uma academia, podemos sugerir soluções criativas para ficarmos em forma por conta própria. Em vez de deixar medos irracionais sobre um patógeno nos impedir de viver a vida plenamente, podemos nos educar sobre a doença e sobre como nos proteger. Em vez de nos recusar a viajar ou comer fora, podemos aprender a avaliar nossos próprios riscos e tomar decisões mais seguras para nós mesmos e para todos ao nosso redor.

De muitas maneiras, nosso novo normal nos deu um modo de tomar atitudes em relação a nosso próprio bem-estar. Agora fazemos exercícios por conta própria, por exemplo, e a autoavaliação de risco para determinar o que é seguro ou não. Fazemos nossas próprias refeições, com mais pessoas cozinhando em casa com maior frequência, e, sem uma programação fixa, muitos de nós cuidamos de nosso sono. Tivemos que viajar por nossa conta, trabalhar e até mesmo educar nossos filhos por conta própria em muitos casos, e, com nossas opções sociais tão limitadas, fomos forçados a inventar outros modos de diversão. Talvez o mais importante, tivemos que intensificar e cuidar de nosso bem-estar físico e emocional de outra forma.

Agora, conforme aspectos de nossa velha cultura começam a retornar, eu encorajo você a reter esse senso de autossuficiência e resiliência.

RX da dra. Jen: É uma coisa linda aprender e aceitar que, no fim das contas, cabe a nós nos tornar saudáveis e completos – física, mental e emocionalmente. O bem-estar ao estilo "faça você mesmo" na era da pandemia é mais do que apenas útil; também pode ser fortalecedor e transformador.

Lição positiva nº 2: Este momento é tudo o que temos

A pandemia nos expôs a um período prolongado de incerteza sem precedentes na história humana recente. Orientações e regras de segurança têm mudado com frequência. Fronteiras, negócios e escolas foram fechados e reabertos de uma hora para outra. Não sabíamos dizer quando seria seguro fazer certas atividades, quando haveria uma vacina ou quando a vida "voltaria ao normal". Na verdade, tivemos que viver um dia por vez. Essa incerteza tem sido uma maldição de muitas maneiras, mas, no final das contas, é um presente: quando você não pode olhar para o futuro, você tem que desacelerar e olhar para o aqui e agora.

Para muitas pessoas, inclusive eu, não é fácil viver no presente. Antes da pandemia, eu estava sempre a mil por hora, desde o momento em que acordava de manhã até o momento em que ia para a cama à noite. Ao longo da minha vida, tenho gostado de me manter ocupada – gosto do desafio, da energia e da adrenalina que isso traz. Eu gostava de pensar e de trabalhar para atingir uma meta, um plano ou um sonho futuro. Psicologicamente, estar ocupada faz com que eu me sinta bem comigo mesma, como se estivesse avançando pela vida cheia de produtividade e intenção.

Mas a pandemia nos obrigou a desacelerar, inclusive a mim. Isso nos fez parar de viver a vida como se estivéssemos em uma competição ou correndo em uma esteira – é um luxo que simplesmente não temos mais. Como algumas de minhas pacientes que recebem um diagnóstico médico assustador, fomos forçados a apertar o botão de pausa. E, ao fazer isso, recebemos a oportunidade de desacelerar, parar e finalmente reservar um tempo para saborear cada momento.

Pense nisso. Antes da pandemia, nossas agendas coletivas eram lotadas de trabalho, compromissos de escola, viagens, família e obrigações sociais e eventos. Mas, quando o surto começou, não tivemos outra escolha senão cancelar, adiar ou atrasar indefinidamente quase todas as atividades. Em nosso novo normal, ainda não podemos planejar o futuro. O que podemos fazer? Podemos escolher viver o momento. Essa não é uma maneira confortável de subsistir para muitos, mas a vida começa fora de nossa zona de conforto.

Para mim, uma das maiores lições é que está tudo bem não planejar cada momento. Não precisamos nem podemos sempre agendar o que vai acontecer no próximo mês, na próxima semana ou mesmo no dia seguinte. Tudo o que temos é hoje, esta hora, este segundo. Quando tomamos a decisão consciente de nos concentrar no que temos, escolhemos a capacidade de ser verdadeiramente felizes, aqui e agora.

RX da dra. Jen: Se aprendemos alguma coisa sobre o surto do coronavírus, é que a vida pode mudar drástica e inconcebivelmente em um piscar de olhos – ou com a descoberta de uma nova doença. Conforme nossas agendas e nossos horários começam a encher, lembre-se de aproveitar o que podemos ter agora.

Lição positiva nº 3: Algumas coisas importam mais do que outras

Feche os olhos e pense em como era sua vida em dezembro de 2019. O que era importante para você naquela época? Talvez estivesse animado com uma festa de fim de ano, procurando o presente perfeito para um membro da família ou um amigo, ou tirando férias em algum lugar. Agora pense no que é importante para você hoje. Talvez esteja focado em apenas voltar ao escritório, encontrar um novo emprego ou estar com sua família da maneira que puder, de férias ou não.

As prioridades de muitas pessoas mudaram devido ao nosso novo normal. É outra vantagem de ser forçado a desacelerar e finalmente parar: você pode fazer um balanço do que está ao seu redor e perceber o que faz e não quer fazer, ou precisa fazer. O trivial desaparece, e o que é importante de verdade surge como nosso foco principal.

A pandemia certamente me ajudou a reavaliar o que realmente importa. Percebi, por exemplo, que não estou mais disposta a morar em uma cidade diferente da do meu namorado, especialmente se outra pandemia nos impedir de estar juntos pessoalmente. Estamos agora fazendo modificações que nunca teríamos pensado em fazer se o surto de coronavírus não tivesse ocorrido. Por isso, sou grata por ter sido forçada a reconhecer minhas prioridades e a tomar medidas proativas para enfatizar o que é importante.

Cenários semelhantes aconteceram na vida e na mente de milhões de outras pessoas ao redor do mundo. Algumas perceberam que suas famílias ou os amigos importam mais do que as coisas que possuem, os lugares que visitam ou os empregos que têm. Outras não mais se sentem confortáveis em fazer uma viagem de avião para longe de suas famílias. Algumas querem tornar possível que pais ou parentes mais velhos morem com elas se e quando a próxima pandemia ocorrer.

Além de relacionamentos, a pandemia mudou as prioridades para muitos a respeito do que realmente querem fazer, seja profissional ou pessoalmente. Alguns perceberam que a vida é muito curta para ficar em um trabalho que não amam ou para ter que esperar a viagem da sua vida. Outros decidiram que preferem viver uma vida mais simples fora da cidade. E quase todos nós priorizamos a importância da boa saúde.

RX da dra. Jen: Não perca de vista suas prioridades na pandemia conforme a vida voltar a ficar agitada. Focar no que realmente importa, incluindo família, amigos, uma carreira gratificante e boa saúde, é fundamental para ser feliz e saudável.

Lição positiva nº 4: Poderia ser pior

Sempre que preciso dar um diagnóstico ruim, espero um minuto antes de dizer a eles quanto poderia ser pior. Por exemplo, alguém pode ter câncer, mas pelo menos não tem câncer em estágio IV. Ou, se tem câncer em estágio IV, eu lembro que essa pessoa tem a sorte de ter acesso a cuidados de saúde de qualidade ou a familiares ou amigos próximos que podem ajudar a cuidar deles. Eu não falo do lado bom para minimizar o que estão passando. Mas sei que isso ajuda as pessoas, no momento em que colocam seus diagnósticos em perspectiva, a tirar o foco das coisas que perderam para as que já possuem. Dessa forma, podem substituir sentimentos de medo, ansiedade e solidão por sentimentos de gratidão.

Durante a pandemia, tentei encontrar perspectiva sempre que possível para que eu pudesse explorar novas maneiras de ser grata. Quando meu irmão foi diagnosticado com Covid-19, por exemplo, eu disse a mim mesma que me sentia grata por ele ter acesso a alguns dos melhores cuidados no mundo. Quando ele acabou apresentando sintomas, lembrei a mim mesma de como estava grata por não estar no hospital nem intubado. Colocar as coisas em perspectiva não apagou minha preocupação, mas me ajudou a permanecer positiva e enfrentar adversidades com força e resiliência. (Depois de duas semanas, meu irmão se recuperou totalmente e não manifestou nenhum sintoma de longo prazo, felizmente.)

Esta é uma lição incrível de nosso novo normal: a pandemia lembrou a muitos de nós que sempre temos escolha. Podemos escolher nos concentrar no que perdemos ou inverter o foco e pensar no que ganhamos. Isso não é fácil, especialmente se você sofreu uma perda terrível, mas pode ajudá-lo a encontrar resiliência em nosso novo normal e estar mais bem preparado para o que acontecer no futuro.

Talvez você tenha perdido o emprego na pandemia, por exemplo, mas talvez possa se sentir grato por não ter adoecido com Covid-19 – ou, se adoeceu, por ter tido a sorte de sobreviver. Se seu relacionamento com seu cônjuge ou parceiro sofreu em nosso novo normal, isso poderia ser uma coisa boa porque ajudou você a identificar os problemas que precisa resolver – ou talvez isso o ajude a seguir em frente para encontrar um relacionamento mais sustentável no futuro.

Resumindo, sempre há um lado bom. E encontrar e focar nos pontos positivos em nosso novo normal pode ajudá-lo a ser grato, a desenvolver mais resiliência e encontrar uma sensação mais profunda de felicidade.

RX da dra. Jen: Embora possa ser fácil ter uma visão limitada durante uma crise e pensar em como sua situação está ruim, tente colocar seu novo normal em perspectiva. Sempre poderia ser pior. Substitua os sentimentos de medo, ansiedade ou estresse por gratidão sempre que puder.

LIÇÕES POSITIVAS PARA A MEDICINA

Assim como existem lições positivas para cada um de nós em nosso novo normal, a pandemia também ensinou ao mundo da saúde algumas coisas que podem remodelar – e espero que remodelarão – a medicina para melhor. Embora toda a extensão dessas lições ainda esteja para ser vista, a medicina já está mudando em algum grau por causa do que aprendemos no tempo relativamente curto desde o início da crise da Covid-19. Semelhantes aos pontos positivos em nossas vidas pessoais, pontos positivos na medicina são, em algum nível, uma matéria que os profissionais de saúde conhecem há anos. Mas estes últimos meses reformularam a importância e a urgência dessas questões. E, agora que as coisas estão mais claras, nós, como médicos e indivíduos, temos a chance de usar esses pontos positivos para melhorar nossa capacidade de ajudar as pessoas.

Aqui estão sete lições positivas que acredito terem o poder de revisar a forma como lidaremos com a próxima pandemia e a tratar pacientes com mais segurança e eficácia nos próximos anos.

Lição médica positiva nº 1: As coisas ficam mais fortes quando você as integra

Hospitais e centros médicos praticam regularmente exercícios de emergência. É o básico da medicina clínica. Ninguém quer fazer um procedimento pela primeira vez ou ter que improvisar quando ocorre uma emergência.

Na medicina, se você não pratica algo, você não pode executar. Simplificando, os exercícios salvam vidas.

Um dos melhores exemplos desse tipo de preparação médica aconteceu em poucos minutos no tiroteio da boate Orlando Pulse – o tiroteio em massa mais mortal da história dos Estados Unidos ocorrido em 2016. Eu cobri a história para a ABC News e posso dizer a você, como colega da área médica, que a resposta do Orlando Regional Medical Center (ORMC), localizado a apenas três quarteirões de distância da Pulse, foi absolutamente fenomenal. Dentro de quarenta e dois minutos, ORMC recebeu 38 vítimas com ferimentos a bala, a maioria dos pacientes entrando depois das duas da manhã, quando o pronto-socorro já estava fechado por causa de um atirador na área. Ao longo das próximas 24 horas, as equipes cirúrgicas do ORMC realizaram 29 operações e salvaram 40 das 49 vítimas levadas ao pronto-socorro. Os médicos de lá só puderam fazer isso porque o ORMC, único centro de trauma de nível 1 entre todos os centros da Flórida, havia treinado esse tipo de cenário por anos.

Da mesma forma, quando o surto de coronavírus impactou pela primeira vez as áreas como a cidade de Nova York, muitos hospitais estavam preparados para um influxo de pacientes porque haviam ensaiado inúmeras vezes. Mas a preparação do hospital não foi o problema. O problema foi que a cidade – e os Estados Unidos como um todo – nunca tinha sido preparada como uma comunidade médica integrada para um influxo em massa de pacientes em vários hospitais.

Os treinos funcionam na medicina, e sabíamos disso muito antes de o surto do coronavírus começar. O que a pandemia nos mostrou é que precisamos treinar para emergências médicas na cidade, no estado e até mesmo no país todo. Podemos e devemos expandir a escala de nossa pronta resposta exponencialmente, que muitos médicos (eu mesma incluída) esperam que vá acontecer antes que a próxima crise de saúde chegue. Não podemos mais operar com um centro médico ou um hospital – precisamos mudar nosso paradigma de hospitais pensando que somos uma equipe inteira a fazer parte de outra muito maior. Se fizermos isso, teremos potencial para reagir à próxima pandemia de forma mais rápida e eficaz.

Lição médica positiva nº 2: Nós precisamos de mais pesquisa de saúde sobre raça

Semanas após o surto de coronavírus, percebemos que a Covid-19 estava matando um número desproporcional de pessoas negras e pardas.

No entanto, em julho de 2020, o CDC estava rastreando raça e etnia em apenas aproximadamente 45 por cento de todos os casos de Covid-19. Isso não é aceitável, e eles reconheceram isso. Por mais que a organização estivesse sobrecarregada de várias maneiras, não deveria ser difícil para o o CDC exigir que todos os estados encaminhassem dados sobre mortes por vírus e hospitalizações com raça e etnia definidas para cada paciente.

O que a pandemia nos mostrou mais uma vez é que precisamos de mais dados sobre por que algumas doenças ocorrem em uma taxa maior entre pessoas negras e pardas. Parte disso tem a ver com o acesso à saúde de qualidade, mas isso é apenas um olhar da história. Se você comparar pacientes afro-americanos que possuem convênio médico com pessoas brancas que também possuem, há uma maior incidência da doença em negros, apesar de variáveis socioeconômicas semelhantes. Conclusão: pessoas negras e pardas representam populações únicas com riscos médicos únicos, e precisamos adaptar nosso sistema de saúde para enfrentar esses riscos únicos.

Já passou da hora de agências de saúde pública abordarem as disparidades em doenças e como elas se relacionam à raça e etnia. Há anos sabemos que precisamos de mais pesquisas nas áreas de raça e patologia, mas a pandemia levou essa questão ao limite.

Muitas pessoas racializadas perderam a vida para a Covid-19. E, se há qualquer lição positiva nessa perda terrível, é que as mortes não precisam ser em vão.

Lição médica positiva nº 3: Questões de saúde mundial

Nos últimos vinte anos, os Estados Unidos têm assistido de longe, enquanto outras áreas do mundo têm lutado contra surtos devastadores de doenças infecciosas como SARS, MERS, gripe aviária, febre amarela, ebola e zika. Embora os Estados Unidos tenham tido casos isolados de algumas dessas doenças, permanecemos amplamente centrados em nosso país, não apenas imunes a surtos graves, mas também resistentes a reagir a crises médicas em outros países.

O que a pandemia de coronavírus nos mostrou, no entanto, é que patógenos realmente não se importam se você está em um país em desenvolvimento ou no chamado Primeiro Mundo. A percepção equivocada de que de alguma forma os Estados Unidos podem se isolar e continuar imunes a infecções se foi. A lição mais positiva aqui é que os Estados Unidos devem ter um interesse maior na saúde global.

Parte disso é egoísta, é claro: depois de ver a rapidez com que o coronavírus havia saído de Wuhan, na China, para devastar os Estados Unidos, o país não pode mais se dar ao luxo de fechar os olhos para o próximo surto infeccioso, não importa onde ocorrer. Mas também acho que a empatia terá um papel importante em como reagiremos a futuras crises de saúde – as quais, por sua vez, poderão contribuir para melhorar a saúde em todo o mundo. Como uma das maiores potências da saúde do planeta, os Estados Unidos podem mudar o jogo para ajudar a combater doenças para todos, não apenas porque isso ajuda os americanos, mas também porque é a coisa certa a fazer para o mundo inteiro.

Da mesma forma, a pandemia também nos ensinou como trabalhar melhor juntos como uma comunidade médica internacional. Durante o surto, equipes de pesquisadores de todo o mundo compartilharam pesquisas e colaboraram para ajudar a conter a Covid-19. Ainda que a medicina sempre tenha tido um nexo internacional, essas conexões são agora mais multifacetadas e ainda mais fortes do que nunca.

Lição médica positiva nº 4: Precisamos repensar a cadeia de suprimentos de remédios

Durante os primeiros dias do surto, enquanto os hospitais se esforçavam para lidar com pacientes com Covid-19, uma crise diferente estava se desenrolando para médicos e a comunidade médica em geral: uma carência crítica de medicamentos prescritos. O problema não surgiu porque as farmácias nos Estados Unidos foram fechadas, mas porque as fábricas na China e em outros países no exterior tinham simplesmente se desligado e a maioria de nossos medicamentos e equipamentos médicos é fabricada no exterior. Na verdade, a China sozinha responde por 90 por cento do suprimento de antibióticos, ibuprofeno e hidrocortisona dos Estados Unidos.[1]

O ponto positivo aqui é que não podemos mais ser dependentes de outros países para produzir nossos remédios prescritos. E se o próximo surto – ou desastre natural, convulsão política ou outra crise perturbadora – durar um período mais longo, incapacitando a produção vegetal estrangeira por meses e não por semanas? Não podemos mais nos dar ao luxo de terceirizar nosso suprimento de medicamentos. Devemos começar a fabricar medicamentos internamente para evitar escassez futura, o que só tornará nosso país mais clinicamente resiliente.

Lição médica positiva nº 5: Profissionais de saúde são valiosos, não importa sua idade

Eu sempre soube que os profissionais de saúde são heróis. Quase todo mundo da minha família é médico ou enfermeiro, então cresci vendo e ouvindo sobre a coragem e a abnegação dos profissionais médicos regularmente. A pandemia agora presenteou o resto do mundo com o respeito que tenho tido pelos meus colegas a vida inteira. É um grande benefício, porque os profissionais de saúde têm o potencial para impactar milhões de vidas, e, quanto mais respeito eles tiverem, mais fácil será para todos fazer seu trabalho.

Mas há outra lição positiva quando se trata de profissionais médicos. A pandemia também nos mostrou que profissionais de saúde de todas as idades são ativos valiosos em nosso novo normal. Durante o surto inicial, muitos estados solicitaram médicos aposentados para serem voluntários em hospitais e colocarem suas próprias vidas em risco a fim de evitar uma enorme falta de pessoal. Somente em Nova York, milhares de funcionários aposentados da área de saúde apresentaram-se para atender ao chamado.[2] Se eles não tivessem feito isso, certamente mais vidas teriam sido perdidas. Isso nos mostra que pessoas com mais de 65 anos podem ter um papel fundamental e prático em nossa sociedade.

Lição médica positiva nº 6: Precisamos repensar como tratamos os animais

Antes da pandemia, muito poucas pessoas perceberam o papel dos animais na propagação de doenças infecciosas. Isso me incluía – eu estava totalmente alheia até que comecei a falar com veterinários e especialistas em zoonose. Agora, graças à pandemia, cada vez mais as pessoas estão cientes do que vem sendo alertado há anos: precisamos repensar como tratamos os animais, especialmente àqueles que usamos para consumo alimentar, se quisermos evitar o próximo surto.

Quase todas as pandemias da história humana se originaram com animais, incluindo o coronavírus.[3] Doenças infecciosas que se espalham de animais para humanos também são responsáveis por um bilhão de casos de doenças em todo o planeta todos os anos.[4] O problema, entretanto, não são apenas mercados de animais vivos como aqueles em Wuhan, China, onde epidemiologistas suspeitam que o novo coronavírus possa ter se originado. São também fazendas industriais tradicionais onde galinhas, porcos, vacas e outros animais comerciais são criados e abatidos, muitas vezes, em condições insalubres.[5]

Não estou sugerindo que todos nos tornemos vegetarianos. Mas espero que a pandemia prove que é hora de priorizar a criação de gado por meio de métodos orgânicos ou de outra forma mais saudável, a fim de reduzir o risco de zoonoses. Também é mais saudável, seguro e humano para os animais serem criados com mais espaço e menos antibióticos, para não mencionar que é mais saudável e seguro também para as pessoas que optam por comer carne.

Lição médica positiva nº 7: A telemedicina é uma coisa boa

A pandemia não criou a telemedicina: os médicos têm a capacidade de atender e tratar pacientes virtualmente há anos. Mas o surto acelerou a integração e o uso da telemedicina para milhões de hospitais, clínicas médicas e consultórios particulares. Pessoas que talvez tenham hesitado em experimentar a tecnologia foram forçadas a usá-la – muitas delas descobrindo que o atendimento virtual pode ser tão eficaz e mais conveniente do que as visitas pessoais.

O fato de a telemedicina ser frequentemente uma coisa boa é uma lição positiva para milhões em todo o mundo. Graças à pandemia, mais pacientes agora têm – e sabem que têm – acesso a cuidados de saúde de qualidade. Essa é uma virada de jogo para muitos, especialmente aqueles que vivem na zona rural ou áreas mal atendidas do ponto de vista médico, junto com pessoas mais velhas e qualquer pessoa com deficiência ou limitações que possa ter dificuldade de ir a uma consulta presencial.

Você provavelmente não precisa que eu aponte cada ponto positivo que emergiu de nosso novo normal. Existem muito mais pontos positivos que a pandemia nos ensinou, alguns das quais podem ser difíceis de ver à primeira vista, já que podem parecer desvantagens em vez de benefícios. Mas com cada lição difícil vem a oportunidade de aprender algo valioso. Agora cabe a todos nós usar essas lições valiosas para nos aprimorarmos, não apenas como indivíduos, mas como membros de comunidades e de países de um modo geral.

Epílogo

Eu não sei bem por que acordei à 1h03 naquela sexta-feira, mas acordei. Eu estava dormindo profundamente desde as 21h30 da noite anterior, mas talvez minha intuição ou uma intervenção cômica me fez acordar, me levantar e ir ao banheiro. De qualquer maneira, um minuto depois, à 1h04, meu telefone começou a zumbir freneticamente ao lado da minha cama. Um momento depois, estava tocando. Eu atendi: o presidente dos Estados Unidos estava com Covid-19.

Vinte minutos depois, eu estava ao vivo e no ar por telefone com a equipe de âncoras 24 horas na ABC News. Com o telefone ligado no viva voz, vesti uma blusa e comecei a me maquiar e fazer meu cabelo. Outros dez minutos depois, eu estava na câmera do meu estúdio caseiro dando, ao vivo, o que seria o segundo de quase uma dúzia de relatórios diferentes sobre o diagnóstico do presidente nas próximas 24 horas.

Naquela manhã, depois que o presidente tuitou que havia testado positivo para Covid-19, fiquei no ar de 1h30 às 3h15, transmitindo não apenas o que se tornaria a notícia mais importante, mas a mais importante do mundo. Às 3h30, voltei para a cama por uma hora e então me levantei novamente para me preparar para estar ao vivo no *Good Morning America*, WABC, *World News Tonight with David Muir*, *Nightline* e outros programas da ABC. Nos próximos quatro dias, quando o vírus explodiu na Casa Branca, eu estava ao vivo no ar por até 14 horas por dia, assim como estivera no começo do surto de coronavírus.

Na segunda-feira após o diagnóstico do presidente, tive uma consulta de uma hora de duração com meu terapeuta – algo que se tornou uma prioridade depois que meu ex-marido tirou a própria vida vários anos antes. Mas naquela segunda-feira eu não queria falar sobre minhas emoções, relacionamentos ou o que eu poderia fazer para melhorar a mim mesma. Eu estava tão presa no que vivi como correspondente médica, médica e cidadã americana que passei os primeiros dez de nossos sessenta minutos falando sobre o diagnóstico de Covid-19 do presidente Trump.

Foi quando eu disse: "Estou tão farta desse vírus. Estou cansada da Covid-19". Eu me sentia frustrada, desesperada e exausta devido ao vírus.

Eu estava oficialmente com fadiga pandêmica.

Aposto que você também está cansado do vírus. Faz meses que temos vivido assim, e o vírus não vai embora. Isso deixou muitas pessoas se sentindo frustradas e sem esperança. E tudo bem – isso é uma resposta normal e natural.

Mas, apesar de todos estarmos fartos do vírus, agora não é o momento de baixar a guarda. Na verdade, temos que permanecer mais vigilantes agora do que nunca, conforme a fadiga da pandemia se espalha e as pessoas começam a ficar complacentes. Caso que comprova isso: o presidente Trump.

O diagnóstico de Covid-19 do presidente prova o que acontece quando você baixa a guarda. O presidente Trump apareceu muitas vezes dizendo que não usaria máscara e foi filmado sem máscara em situações em que seu uso seria recomendado. Ele também apareceu sem cumprir o distanciamento social em situações em que seria recomendado. A Casa Branca tornou público que o presidente e altos funcionários da administração fizeram exames regularmente para mantê-los seguros. Mas o exame, mesmo no número 1600 da Pennsylvania Avenue, não é uma estratégia de prevenção – representa vigilância e abordagem diagnóstica. Embora o presidente possa ter escapado do vírus durante os primeiros oito meses do surto, seus comportamentos acabaram por pegá-lo, quando o vírus descobriu um caminho para entrar no círculo de poder mais seguro do mundo. Isso é prova certa de que ninguém pode ter uma falsa sensação de segurança ou proteção quando se trata dessa doença – não agora nem daqui a oito meses.

O diagnóstico de Covid-19 do presidente também mostrou ao mundo o que os médicos sabem desde que o vírus apareceu pela primeira vez em Wuhan, China: a Covid-19 pode afetar e afeta a todos. O vírus não precisa de autorização de segurança para entrar na Casa Branca.

Eu quero ser clara: esses pontos não têm nada a ver com política.

Embora muitas pessoas tenham politizado o diagnóstico do presidente Trump, para mim a história é médica e científica. Para citar o editorial do *The New England Journal of Medicine* sobre a resposta dos Estados Unidos à pandemia: "A verdade não é liberal nem conservadora".[1]

A necessidade de politizar o diagnóstico da Covid-19 do presidente apenas ressalta o grau de emoções ácidas que muitos têm agora. Conforme a pandemia se arrasta, torna-se cada vez mais difícil encontrar calma em todo o caos. Mas temos que fazer isso. E o caminho que eu pessoalmente segui é o de nos apegarmos ao que sabemos, que é a ciência, incluindo os princípios de controle de doenças infecciosas e o risco de estratificação descrito ao longo deste livro.

Muitas empresas foram reabertas desde o início da pandemia e continuarão a reabrir. Mais pessoas também estão viajando, comendo fora e se reunindo com outras pessoas em situações sociais – são coisas boas. Mas isso não significa que as coisas voltaram ao "normal". Só porque mais empresas estão abertas e nos envolvemos mais a cada dia em atividades não significa que o vírus fez as malas e deixou o planeta. Ainda está aqui, ainda é uma ameaça e será uma ameaça por anos ainda, mesmo no advento de uma cura ou vacina eficaz.

Quero enfatizar esse ponto, porque acho importante não alimentar uma falsa esperança de que qualquer vacina ou vacinas, por mais bem-sucedidas que sejam, repentinamente levarão nosso mundo de volta à forma como era em 2019. No momento em que este livro foi escrito, 30 a 50 por cento dos americanos diziam que não iriam tomar a vacina contra a Covid-19 porque desconfiavam do processo ou se preocupavam com sua segurança e eficácia. Isso significa que muitas pessoas não terão a proteção que uma vacina pode oferecer.

Além disso, por um tempo os médicos não saberão por quanto tempo a vacina será capaz de proteger os imunizados contra a Covid-19.

Se o coronavírus for parecido com a gripe e sofrer mutações com frequência, as pessoas podem precisar ser vacinadas a cada um ou dois anos, o que representará verdadeiros desafios logísticos.

Não estou tentando ser uma desmancha-prazeres. Eu acho que é superimportante permanecer, de forma cautelosa, otimista em relação ao fato de que uma vacina pode colocar, e colocará em algum momento, a pandemia no passado. Mas na medicina, como na vida, embora seja bom olhar para o futuro, temos que manter nossos olhos focados no que está diretamente à nossa frente se quisermos viver no mundo atual com algum tipo de precisão e segurança.

Eu sei que olhar apenas para o que está bem à sua frente pode parecer que não há um fim à vista. Eu estaria mentindo se dissesse que às vezes também não me sinto da mesma forma. Mas é por isso que permaneço firme e focando nas coisas que são importantes para mim, como minha família, meus amigos, meu trabalho e nos cuidados pessoais. Também trabalhei muito para tentar controlar minha ansiedade e continuar grata por tudo o que está dando certo no mundo.

O que está indo bem no seu mundo? Primeiro, você está vivo – e isso não é pouca coisa. Mais americanos morreram durante os primeiros oito meses de 2020 do que em qualquer outro período desde 1970, antes de a rígida lei antifumo e de segurança ocupacional ser aprovada.[2] Covid-19 é agora a terceira principal causa de morte nos Estados Unidos, vencendo derrame, mal de Alzheimer, diabetes e acidentes de carro.

Se você teve a sorte de sobreviver até agora, certamente vale a pena reconhecer e comemorar isso. Mas não é um indicador de que esteja imune ou de que não será infectado em algum momento no futuro. Não estou tentando assustar você, só quero encorajá-lo a permanecer realista, vigilante, grato e esperançoso.

Gratidão e esperança são as coisas que quero deixar, porque há muito pelo que ser grato e esperançoso hoje em dia. Com pandemia ou não, o mundo ainda é um lugar maravilhoso, lindo e abençoado. As crianças ainda estão nascendo, os jovens ainda estão aprendendo coisas novas, os casais ainda estão se casando e muitos de nós estamos encontrando o sucesso, praticando os hobbies que nos fazem felizes, nos apaixonando e/ou aprofundando o amor que já sentimos por nossa família e nossos amigos.

Não há dúvida sobre isso: o vírus mudou nosso mundo, transformou a forma como vivemos e alterou nosso senso de normalidade.

Mas acho importante lembrar que não mudou quem somos – e quem podemos ser. Em nosso novo normal, você ainda pode escolher ser o que quiser. Você pode escolher ser grato, esperançoso e feliz. Você pode escolher ser gentil, compassivo e amoroso. E você pode escolher ser resiliente. Em suma, você tem o poder de ser o seu melhor – nenhum vírus ou pandemia jamais tirará isso de você.

Agradecimentos

Quero agradecer a todos que ajudaram com este livro, não necessariamente nesta ordem:

Minha família da ABC News: foi um privilégio trabalhar ao lado da melhor equipe de notícias da emissora durante este momento histórico. A atenção ao detalhe, a preocupação com a vida e os sentimentos das pessoas e o vigor com que nos comprometemos com essa pandemia fizeram com que fosse uma honra para mim fazer parte de uma equipe assim. A equipe inclui: James Goldston, Wendy Fisher, Marc Burstein, George Stephanopoulos, David Muir, Robin Roberts, Michael Strahan, Amy Robach, TJ Holmes, JuJu Chang, Michael Corn, Simone Swink, Alberto Orso, Christine Brouwer, Mike Solmsen, Chris Dinan, Almin Karamehmedovic, Justin Dial, Catherine McKenzie e toda a Equipe GMA3, minha família da ABC News Radio, Aaron Katersky, Eric Avram, Kerry Smith, Barbara Fedida, Debra O'Connell, Bill Ritter, Brian Teta, Terence Noonan, Steve Baker, John Green, David Sloan, Sony Salzman, Eden David, Brad Mielke, Katie DenDaas e a equipe de operações, junto com nossos incríveis diretores, equipe de maquiadores e cabeleireiros e equipe de segurança.

Eric Strauss: você é meu braço direito na ABC News, o produtor mais talentoso, o chefe mais diligente do canal de medicina da ABC e o maior parceiro de trabalho. Embora fale de forma suave e lenta, você consegue mais realizações do que qualquer pessoa que já conheci.

Minha coautora, Sarah Toland: trabalhar e escrever com você é um privilégio pessoal e profissional. Você é uma fera com prazos, uma escritora brilhante e a melhor colaboradora que eu poderia pedir.

Minha equipe na HarperCollins / William Morrow, incluindo Lisa Sharkey: você sempre tem o controle das coisas nas quais as pessoas estão interessadas; e Matt Harper: você é um editor brilhante e também uma ótima pessoa.

Meu advogado, Bob Barnett: você está sempre calmo, alegre e focado.

Minha equipe médica, incluindo minha administradora de prática, Carole Gittleman, e minha assistente médica, Ana Olivera: trabalhamos juntas há mais de quinze anos e somos literalmente as três mosqueteiras. Obrigada pelo compromisso com nossas pacientes e por sua amizade e apoio, tanto pessoal quanto profissionalmente.

Minhas pacientes: vocês me inspiram todos os dias com sua fome por conhecimento, sua bravura e seu espírito. Suas palavras amáveis de apoio significam muito para mim.

Meus amigos: dra. Jennifer Haythe, dra. Alice Kim, dra. Patricia DeSalvo, dr. Luis Diaz, dr. Jeff Rapaport e dr. Adam Smith.

Minha família: meus pais, Dorothy Garfein e dr. Oscar Garfein; meu irmão, dr. Evan Garfein; e meus filhos, Alex e Chloe: eu aprendo com vocês dois todos os dias, me inspiro em vocês e sinto orgulho do coração e da mente que vocês dois têm.

Meus especialistas em doenças infecciosas favoritos: dr. Todd Ellerin, vice-presidente de medicina e diretor de doenças infecciosas da South Shore Health em Boston: seu conhecimento médico e sua experiência clínica foram inestimáveis para mim durante esse tempo. Seu apoio significa muito para mim, antes, durante e depois da Covid-19; dra. Simone Wildes: você é um verdadeiro modelo para qualquer garota que sonha ser médica;

e dr. Anthony Fauci: conhecer você e me comunicar diretamente com você ao longo deste (e de outros) surto viral histórico tem sido uma das experiências profissionais mais significativas na minha carreira médica. Sua elegância, junto com sua personalidade calma, calorosa, modesta e jovial, será sempre lembrada, e seu serviço aos Estados Unidos e à esfera da saúde pública mundial teve um impacto profundo que nunca será esquecido.

E para todos, em todos os lugares, que foram afetados ou transformados pela Covid-19: vocês não estão sozinhos. Eu acredito que nos tornaremos mais resilientes por causa da Covid-19, aprenderemos com nossos erros, vamos comemorar nossos triunfos e estaremos mais preparados para a próxima pandemia. Vamos superar porque estamos todos juntos nisso.

Notas

CAPÍTULO 1: CORPO

1. HERBST, Christopher H.; ALSUKAIT, Reem F.; ALLUHIDAN, Mohammed; ALAZEMI, Nahar; SHEKAR, Meera. **Individuals with Obesity and Covid-19**: A Global perspective on the epidemiology and biological relationships. Wiley Online Library. Disponível em: <https://onlinelibrary.wiley.com/doi/full/10.1111/obr.13128>. Acesso em: 26 ago. 2020.
2. PETRILL, Christopher M.; JONES, Simon A.; YANG, Jie; RAJAGOPALAN, Harish; O'DONNELL, Luke; CHERNYAK, Yelena; TOBIN, Katie A.; CERFOLIO, Robert J.; FRANCOIS, Fritz; HOROWITZ, Leora I. Largest US Study of Covid-19: Obesity Single Biggest Chronic Factor. **Physician's Weekly**, 14 abr. 2020.
3. RABIN, Roni Caryn. Obesity Linked to Severe Coronavirus Disease, Especially for Younger Patients. **New York Times**, 16 abr. 2020.
4. LAU, David C. W. **Practical Approaches to the Treatment of Obesity**. Julia McFarlane Diabetes Research Centre. Disponível em: <https://www.accrockies.com/downloads/slides/2012/1_Sunday/Sunday_04_Lau_Obesity_Rx.pdf>. Acesso em: 11 mar. 2021.

5. COVID-19 Study Shows More Than 4 Times In-Hospital Mortality Rate and Increased Length of Stay for Patients with Diabetes and Hyperglycemia. **Business Wire**, 17 abr. 2020.
6. RIGBY, Sara. Coronavirus: High Blood Pressure Could Double Risk of Death. **BBC Science Focus Magazine**, 5 jun. 2020.
7. **High blood pressure linked to increased risk of dying from Covid-19**. European Society of Cardiology, 5 jun. 2020.
8. **Facts about hypertension**. Centers for Disease Control and Prevention, 8 set. 2020.
9. **Million Hearts® Undiagnosed Hypertension**. Centers for Disease Control and Prevention. Division for Heart Disease and Stroke Prevention, 8 nov. 2019.
10. NAZARIO, Brunilda. Coronavirus and High Blood Pressure: What's the Link? **WebMD**, 23 set. 2020.
11. GOLDMAN, Goldman. High Blood Pressure Drugs Don't Increase Covid-19 Risk, Stanford Study Finds. **Scope 10k** (*blog*). Stanford Medicine, 14 jul. 2020.
12. ILHARA, Emily. Health Policy Institute, Georgetown University, 13 fev. 2019.
13. PATANAVICH Roengrudee; GLANTZ, Stanton A. Smoking Is Associated with Covid-19 Progression: A Meta-Analysis. **Nicotine & Tobacco Research** 22, n. 9, set. 2020. p. 1653-56.
14. DIGITALE, Erin. **Vaping Linked to Covid-19 Risk in Teens and Young Adults**. Stanford Medicine News Center. Stanford Medicine, 11 ago. 2020.
15. GORDON, Serena. Vaping-Related Lung Injuries Still Happening– May Look Like Covid-19. **U.S. News & World Report**, 30 jun. 2020.
16. **Chronic Diseases in America**. Centers for Disease Control and Prevention, 23 out. 2019.

CAPÍTULO 2: MENTE

1. ACHENBACH, Joel. Coronavirus Is Harming the Mental Health of Tens of Millions of People in U.S., New Poll Finds. **Washington Post**, 2 abr. 2020.
2. WAN, William. The Coronavirus Pandemic Is Pushing America into a Mental Health Crisis. **Washington Post**, 12 mai. 2020.
3. HAMBLIN, James. Is Everyone Depressed? **The Atlantic**, 22 de mai. 2020.
4. **Substantial Investment Needed to Avert Mental Health Crisis.** Organização Mundial da Saúde, 14 mai. 2020.
5. WRIGHT, Robin. How Loneliness from Coronavirus Isolation Takes Its Toll. **The New Yorker**, 23 mar. 2020.
6. NISHI, Daisuke; KANBA, Shigenobu; KATO, Tadafumi. Mental Health Issues Associated with Covid-19 Outbreak. (edição virtual) **Psychiatry and Clinical Neurosciences**, Wiley Online Library, 20 abr. 2020.
7. WRIGHT. **Loneliness from Coronavirus Isolation.**
8. **Loneliness and Social Isolation Linked to Serious Health Conditions.** Centers for Disease Control and Prevention, 26 mai. 2020.
9. **The "Loneliness epidemic".** U.S. Health Resources & Services Administration, 10 jan. 2019.
10. **The rise in Alcohol & Drug Relapses from Coronavirus.** Banyan Treatment Centers, 15 jun. 2020.
11. MONACO, Kristen. Mental Health Challenges After Covid-19 Recovery. Medical News and Free CME Online, **MedpageToday**, 18 mai. 2020.
12. COLANGELO, Lisa L. "Not Alone": Mental Health Experts Help Patients Cope After Covid-19. **Newsday**, 29 jun. 2020.
13. SMITH, Melinda; ROBINSON, Lawrence; SEGAL, Jeanne. Coping with Grief and Loss. **HelpGuide**, set. 2020.

14. RODIN, Judith. **The Resilience Dividend**: Being Strong in a World Where Things Go Wrong. New York: PublicAffairs, 2014.

CAPÍTULO 3: CUIDADOS COM A SAÚDE

1. BOOTH, William; GREGG, Aaron; STANLEY-BECKER, Isaac. Americans Warned of "Pearl Harbor Moment" as Trump Tells Parts of the Nation to Brace for "Peak". **Washington Post**, 6 abr. 2020.
2. GARZA, Alejandro de la. Emergency Room Visits Plunge During Covid-19 Pandemic. **Time**, 4 de jun. 2020.
3. STONE, Will; YU, Elly. Empty ERs Worry Doctors as Heart Attack and Stroke Patients Delay Care. *U.S.* **News & World Report**, 8 mai. 2020.
4. GALANTE, Alexandra. After Man, 38, Dies of Heart Attack, Wife Shares Urgent Message: "Go to the ER". **TODAY.com**, 16 jun. 2020.
5. HARTNETT, Kathleen P.; KITE-POWELL, Aaron; DEVIES, Jourdan; COLETTA, Michael A.; BOEHMER, Tegan K.; ADJEMIAN, Jennifer; GUNDLAPALLI, Adi V. **Impact of the Covid-19 Pandemic on Emergency Department Visits**: United States, January 1, 2019-May 30, 2020. Centers for Disease Control and Prevention, 11 jun. 2020.
6. WOOLF, Steven H.; CHAPMAN, Derek A.; SABO, Roy T. Excess Deaths from Covid 19 and Other Causes, March-April 2020. **JAMA**, 4 ago. 2020.
7. **More people Are Dying During the Pandemic–And Not Just from Covid-19**. American Heart Association, 16 jun. 2020.
8. JAFFE, Jaffe; BRITTAIN, Amy. Obama: "We Can't Give in to Hysteria or Fear" of Ebola. **Washington Post**, 18 out. 2014.
9. EVANS, Stephanie; AGNEW, Emily; VYNNYCKY, Emilia; ROBOTHAM, Julie V. The Impact of Testing and Infection Prevention and Control Strategies on Within-Hospital Transmission Dynamics of Covid-19 in English Hospitals. **MedRxiv**, 20 mai. 2020.

10. DALY, Rich. Preventable ED Use Costs $8.3 Billion Annually: Analysis. HEALTHCARE FINANCIAL MANAGEMENT ASSOCIATION, 11 fev. 2019.
11. USCHER-PINES, Lori; PINES, Jesse; KELLERMANN, Arthur; GILLEN, Emily; MEHROTRA, Ateev. **Deciding to Visit the Emergency Department for Non-Urgent Conditions**: A Systematic Review of the Literature. 5 de set. 2014.
12. BESTSENNYY, Pleg; GILBERT, Greg; HARRIS, Alex; ROST, Jennifer. Telehealth: A Quarter-Trillion-Dollar Post-Covid-19 Reality? **McKinsey & Company**, 1 jun. 2020.
13. Ibid.
14. LANKFORD, Kimberly. 4 Ways Telehealth Can Save You Money. **U.S. News & World Report**, 6 abr. 2020.
15. BLASCO, Ana; CARMONA, Montserrat; FERNÁNDEZ-LOZANO, Ignacio; SALVADOR, Carlos H.; PASCUAL, Mario; SAGREDO, Pilar G.; SOMOLINOS, Roberto, et al. Evaluation of a Telemedicine Service for the Secondary Prevention of Coronary Artery Disease. **Journal of Cardiopulmonary Rehabilitation and Prevention** 32, n. 1, 2012, p. 25-31.
16. BEUSEKOM, Mary Van. In: **Pandemic, many seeing upsides to telemedicine**. Center for Infectious Disease Research and Policy, University of Minnesota, 21 mai. 2020.

CAPÍTULO 4: COMIDA

1. LIU, Junxiu; REHM, Colin D.; MICHA, Renata; MOZAFFARIAN, Dariush. Quality of Meals Consumed by US Adults at Full-Service and Fast-Food Restaurants, 2003–2016: Persistent Low Quality and Widening Disparities. **The Journal of Nutrition** 150, n. 4, 2020, p. 873-83.
2. MEYER, Megan. **2020 Food and Health Survey**. Food Insight, International Food Information Council, 7 jul. 2020.

3. Ibid.
4. SRIKANTH, Anagha. Americans Are Gaining Weight and Buying More Fitness Equipment in Quarantine, But Are They Using It? **The Hill**, 6 jul. 2020.
5. NAIDU-GHELANI, Rajeshni. Comfort Food: Women More Likely to Admit to Overeating, Under Exercising amid Covid-19. **Ipsos**, 28 mai. 2020.
6. DELAP, Josie. Why Sourdough Went Viral. **The Economist**, 4 ago. 2020.
7. ALI, Rasha. New Quarantine Cooking Trend Alert: Get Ready to Dig into a Bowl of Pancake Cereal. **USA Today**, 16 mai. 2020.
8. SEVERSON, Kim. 7 Ways the Pandemic Has Changed How We Shop for Food**. New York Times**, 8 set. 2020.
9. KOENIG, Debbie. Quarantine Weight Gain Not a Joking Matter. **WebMD**, 21 mai. 2020.
10. SRIKANTH. **Americans Are Gaining Weight and Buying More Fitness Equipment in Quarantine.**
11. NIR, Sarah Maslin. Tailors Know New Yorkers' Pandemic Secret: "Everybody Got Fat!". **New York Times**, 25 jul. 2020.
12. ASHBROOK, Alexandra. **Nearly 60 Percent Increase in Older Adult Food Insecurity During Covid-19**: Federal Action on SNAP Needed Now. Food Research & Action Center, 31 jul. 2020.
13. MELILLO, Gianna. Hyperglycemia Is an Independent Risk Factor of Covid-19 Mortality. **The American Journal of Managed Care**, 18 jul. 2020.
14. MUNDELL, E. J. Covid-19 May Spike Blood Sugar, Raising Death Risk. **WebMD**, 13 jul. 2020.
15. **Covid-19 and diabetes**. International Diabetes Federation, 27 ago. 2020.
16. **How Much Sugar Is Too Much?** American Heart Association, n.d.

17. CHODOSH, Sara. Sorry, Keto Fans, You're Probably Not in Ketosis. **Popular Science**, 8 jun. 2020.
18. MARTINEAU, Adrian R.; FOROUHI, Nita G. Vitamin D for Covid-19: A Case to Answer? **The Lancet Diabetes & Endocrinology** 8, n. 9, 2020, p. 735-36.
19. Office of dietary supplements – Vitamin D. NIH Office Of Dietary Supplements, U.S. Department of Health and Human Services, 11 set. 2020.
20. Meyer, Megan. **Covid-19 Pandemic Transforms the Way We Shop, Eat and Think About Food, According to IFIC's 2020 Food & Health Survey**. Food Insight, International Food Information Council.
21. **Study Suggests Home Cooking Is a Main Ingredient in Healthier Diet.** Center for a Livable Future, Johns Hopkins Bloomberg School of Public Health, 17 nov. 2014.
22. TAPARIA, Hans. How Covid-19 Is Making Millions of Americans Healthier. **New York Times**, 18 abr. 2020.
23. SEVERSON. **7 Ways the Pandemic Has Changed How We Shop for Food**.
24. KNIGHT, Mary. How Much Money Do You Save by Cooking at Home? **Wellio**, 10 jul. 2018.
25. COOKING at Home Tonight? It's Likely Cheaper and Healthier, Study Finds. **ScienceDaily**, 14 mar. 2017.
26. **Happy couples: How to Keep Your Relationship Healthy**. American Psychological Association, 1 jan. 2020.
27. REINBERG, Steven. Typical Restaurant Meal Loaded with Fats, Salt, Calories: Studies. **WebMD**, n.d.
28. MEALS at 92 Percent of Dining Establishments Tip the Scales. **ScienceDaily**, 20 jan. 2016.

CAPÍTULO 5: EXERCÍCIO

1. MEYER, Jacob; MCDOWELL, Cillian; LANSING, Jeni; BROWER, Cassandra; SMITH, Lee; TULLY, Mark; HERRING, Matthew. **Changes in Physical Activity and Sedentary Behaviour Due to the Covid-19 Outbreak and Associations with Mental Health in 3,052 US Adults**. Cambridge Open Engage, 2020.
2. DUCHARME, Jamie. **Covid-19 Is Making Americans Even More Sedentary**: The Effects Could Be Long-Lasting. 12 mai. 2020.
3. Ibid.
4. SURVEY Reveals Gyms Will Never Be the Same After Coronavirus. **LIFEAID Beverage Co** (*blog*), 27 jun. 2020.
5. SCIPIONI, Jade. 59% of Americans Don't Plan to Renew Their Gym Memberships After Covid-19 Pandemic: Survey. **CNBC.com**, 23 jul. 2020.
6. Survey Reveals Gyms Will Never Be the Same.
7. COVID-19: Exercise May Help Prevent Deadly Complication. **UVA Health Newsroom,** University of Virginia Health System, 15 abr. 2020.
8. UNIVERSITY of Bath. Regular Exercise Benefits Immunity – Even in Isolation. **ScienceDaily**.
9. EXERCISE Is an All-Natural Treatment to Fight Depression. **Harvard Health Publishing**, Harvard Medical School, jul. 2013.
10. **Exercise for Stress and Anxiety**. Anxiety and Depression Association of America.
11. TILLAGE, Rachel P.; WILSON, Genevieve E.; LILES, L. Cameron; HOLMES, Philip V.; WEINSHENKER, David. Chronic Environmental or Genetic Elevation of Galanin in Noradrenergic Neurons Confers Stress Resilience in Mice. **Journal of Neuroscience** 40, n. 39, 2020, p. 7464-74.
12. ROBINSON, Lawrence; SEGAL, Jeanne; SMITH, Melinda. The Mental

13. Health Benefits of Exercise. **HelpGuide**, jun. 2019. 13. OHIO Man Builds Exercise Equipment from Timber After Gym Shuts Down over Coronavirus. **ABCNews**. YouTube.com, 8 abr. 2020.
14. HANC, John. Keeping Clients Fit During the Pandemic by Going Virtual. **New York Times**, 26 mai. 2020.

CAPÍTULO 6: SONO

1. SLEEP Habits Post Lockdown in the U.S. **Sleep Standards**, mai. 2020.
2. RAJ, Natana. Sleep Aids: Technologies and Global Markets. **BCC Research**, abr. 2020.
3. **Sleep Habits Post Lockdown in the U.S.**
4. Ibid.
5. Ibid.
6. HURLEY, Dan. Sleep Neurologists Call It "Covid-Somnia" – Increased Sleep Disturbances Linked to the Pandemic. **Neurology Today** 20, n. 13, 2020.
7. LANG, James M. Kids Are Spending More Hours on Screens Than Ever: Should Parents Worry? **Fast Company**, 20 jul. 2020.
8. MILLER, Kelli. Covid and Sleep: Sweet Dreams Aren't Made ofThis. **WebMD**, 27 mai. 2020.
9. OLSON, Eric J. Can Lack of Sleep Make You Sick? **Mayo Clinic**, Mayo Foundation for Medical Education and Research, 28 nov. 2018.
10. DESHPANDE, Samir; REED, Walter. A Full Night's Sleep Could Be the Best Defense Against Covid-19. **Health.mil**, Military Health System, 23 mar. 2020.
11. FERNANDEZ, Elizabeth. **Sleep Affects Potency of Vaccines.** University of California San Francisco, 1 ago. 2012.
12. KWOK, Chun Shing; KONTOPANTELIS, Evangelos; KULIGOWSKI, George; GRAY, Matthew; MUHYALDEEN, Alan;

GALE, Christopher P.; PEAT, George M. et al. Self-Reported Sleep Duration and Quality and Cardiovascular Disease and Mortality: A Dose-Response Meta-Analysis. **Journal of the American Heart Association** 7, n. 15, 2018.

13. **What Temperature Should Your Bedroom Be**? Sleep Foundation, 28 jul. 2020.
14. CORLISS, Julie. Mindfulness Meditation Helps Fight Insomnia, Improves Sleep. **Harvard Health Blog**, Harvard Health Publishing, 15 jun. 2020.
15. BARRETT, Deirdre. The "Committee of Sleep": A Study of Dream Incubation for Problem Solving. **Dreaming** 3, n. 2, 1993, p. 115-22.
16. COVID-19 TV Habits Suggest the Days Are Blurring Together. **Comcast Corporation**, 6 mai. 2020.
17. Ibid.
18. CORONAVIRUS Pandemic and Americans Sleep (2020 Data). **Sleep Standards**, 11 jun. 2020.
19. **Covid-19 TV Habits.**
20. **Long-term Ambien Use and Severe Addiction**. American Addiction Centers, 30 set. 2019.

CAPÍTULO 7: MEDOS EM RELAÇÃO À SAÚDE

1. **Pedestrian Fatalities on Interstate Highways, United States, 1993--2012**. AAA Foundation for Traffic Safety, 14 set. 2012.
2. ROEST, Annelieke M.; MARTENS, Elisabeth J.; JONGE, Peter De; DENOLLET, Johan. Anxiety and Risk of Incident Coronary Heart Disease: A Meta-Analysis. **Journal of the American College of Cardiology** 56, n. 1, 2010, p. 38-46.
3. AUBREY, Allison; WAMSLEY, Laurel; WROTH, Carmel. From Camping to Dining Out: Here's How Experts Rate the Risks of 14 Summer Activities. **NPR**, 23 mai. 2020.

4. ALWAYS Worried About Your Health? You May Be Dealing with Health Anxiety Disorder. **Harvard Health Publishing**, Harvard Medical School, set. 2018.
5. LOCKDOWN Study Reports Surge in Health Anxieties: New Research into People's Coping Strategies Faced with Covid-19 Highlights the Mental Health Toll for Those Shielding. University of Bath. **ScienceDaily**, 4 ago. 2020.
6. GUNIA, Amy. "I Don't Think We Should Ever Shake Hands Again": Dr. Fauci Says Coronavirus Should Change Some Behaviors for Good. **Time**, 9 abr. 2020.
7. LALLY, Clare Lally. Child and Adolescent Mental Health During Covid-19. **POST**, UK Parliament, 14 jul. 2020.
8. **Signs You May Be a Hypochondriac.** Center for Treatment of Anxiety and Mood Disorders, 15 jun. 2020.
9. GOODMAN, Ken. **Health Anxiety**: What It Is and How to Beat It. Anxiety and Depression Association of America, 22 jun. 2020.
10. WHITEMAN, Honor. Cognitive Behavioral Therapy "Effective" for Health Anxiety. **Medical News Today**, 19 out. 2013.
11. JONG-FAST, Molly. Why Are So Many Baby Boomers in Denial Over the Coronavirus? **Vogue**, 13 mar. 2020.
12. **United States Covid-19 Cases and Deaths by State**. Centers for Disease Control and Prevention, n.d.
13. **What Are the Odds of Dying From…** National Safety Council, n.d.
14. **Fifty Quotations by Ralph Waldo Emerson**. Walden Woods Project, Thoreau Institute at Walden Woods, n.d.
15. RECHE, Isabel; D'ORTA, Gaetano; MLADENOV, Natalie; WINGET, Danielle M.; SUTTLE, Curtis A. Deposition Rates of Viruses and Bacteria Above the Atmospheric Boundary Layer. **The ISME Journal** 12, n. 4, 2018, p. 1154-62.

16. KASIM, Eniola. The Wonderful World of Virology. **Institute for Public Health** (*blog*), 9 jul. 2019.
17. CDC Updates Covid-19 Transmission Webpage to Clarify Information About Types of Spread. **CDC Newsroom**, Centers for Disease Control and Prevention, 22 mai. 2020.
18. **How Covid-19 Spreads**. Centers for Disease Control and Prevention, 21 set. 2020.
19. **Cleaning and Disinfection for Households**. Centers for Disease Control and Prevention, 10 jul. 2020.
20. GROSS, Terry. "The Beautiful Cure" Reveals the "Profound" Power of the Immune System. **Fresh Air**, NPR, 26 nov. 2018.
21. SEGERSTROM, Suzanne C.; SEPHTON, Sandra E. Optimistic Expectancies and Cell-Mediated Immunity. **Psychological Science** 21, n. 3, 2010, p. 448-55.
22. COMPTON, Natalie B. People Are Wearing Hazmat Suits on Planes: But Should They? **Washington Post**, 25 mai. 2020.
23. MALICDEM, Darwin. Your Favorite Bleach Could Produce Dangerous Indoor Air Pollutants. **Medical Daily**, 3 out. 2019.
24. CLEANING Supplies and Your Health. **EWG**, n.d.

CAPÍTULO 8: NOTÍCIAS MÉDICAS

1. REMARKS by President Trump, Vice President Pence, and Members of the Coronavirus Task Force in Press Briefing. **WhiteHouse.gov**, 3 abr. 2020.
2. DESAI, Sonal. **On My Mind**: They Blinded Us from Science. Franklin Templeton Investments, 29 de jul. 2020.
3. JURKOWITZ, Mark; MITCHELL, Amy. Coronavirus Stories Cited as Made-Up News Include Claims About Risks, Details of Virus. **Pew Research Center's Journalism Project**, 18 ago. 2020.

4. ISLAM, Md Saiful; Sarkar, Tonmoy; KHAN, Sazzad Hossain; KAMAL, Abu-Hena Mostofa; HASAN, S. M. Murshid; KABIR, Alamgir; YEASMIN, Dalia, et al. Covid-19-Related Infodemic and Its Impact on Public Health: A Global Social Media Analysis. **The American Journal of Tropical Medicine and Hygiene** 103, n. 4, 2020, p. 1621-29.
5. GHEBREYESUS, Tedros Adhanom. **Munich Security Conference.** Organização Mundial da Saúde, 15 fev. 2020.
6. **1st WHO Infodemiology Conference.** Organização Mundial da Saúde, 16 jul. 2020.
7. JURKOWITZ, Mark; MITCHELL, Amy; OLIPHANT, J. Baxter; SHEARER, Elisa. Three Months In, Many Americans See Exaggeration, Conspiracy Theories and Partisanship in Covid-19 News. **Pew Research Center's Journalism Project**, 18 set. 2020.
8. KREPS, Sarah; KRINER, Douglas. Good News and Bad News About Covid-19 Misinformation. **Scientific American**, 10 jun. 2020.
9. JURKOWITZ et al. **Three Months In.**
10. JURKOWITZ, Ryan. "I'm Not an Epidemiologist But…": The Rise of the Coronavirus Influencers. **BuzzFeed News**, 18 mar. 2020.
11. BARNES, Julian E.; SANGER, David E. Russian Intelligence Agencies Push Disinformation on Pandemic. **New York Times**, 28 jul. 2020.
12. RANKIN, Jennifer. EU Says China Behind "Huge Wave" of Covid-19 Disinformation. **Guardian**, 10 jun. 2020.
13. GANDHI, Monica; RUTHERFORD, George W. Facial Masking for Covid-19–Potential for "Variolation" as We Await a Vaccine. **The New England Journal of Medicine**, 8 set. 2020.
14. BLOCKEN, B.; MALIZIA, F.; DRUENEN, T. van; MARCHAL, T. **Towards Aerodynamically Equivalent Covid-19 1.5m Social Distancing for Walking and Running. 2020.**

15. SAMULE, Sigal. Why You're Unlikely to Get the Coronavirus from Runners or Cyclists. **VOX**, 13 ago. 2020.
16. NIILER, Eric. Are Running or Cycling Actually Risks for Spreading Covid-19? **Wired**, 14 abr. 2020.
17. SAHNI, Heena; SHARMA, Hunny. Role of Social Media During the Covid-19 Pandemic: Beneficial, Destructive, or Reconstructive? **International Journal of Academic Medicine** 6, n. 2, 29 jun. 2020, p. 70-75.
18. KREPS; KRINER. **Good News and Bad News About Covid-19 Misinformation**.
19. GRAHAM-HARRISON, Emma; HERN, Alex. Facebook Funnelling Readers Towards Covid Misinformation–Study. **Guardian**, 19 ago. 2020.
20. PAUL, Katie; VENGATTIL, Munsif. Facebook Removed Seven Million Posts in Second Quarter for False Coronavirus Information. **Thomson Reuters**, 11 ago. 2020.
21. How Facebook Can Flatten the Curve of the Coronavirus Infodemic. **Avaaz**, 15 abr. 2020.
22. MITCHELL, Amy; STOCKING, Galen; MATSA, Katerina Eva. Some Readers Willing to Dig into Long-Form News on Cellphones. **Pew Research Center's Journalism Project**, 30 mai. 2020.
23. MUNDELL, E. J. Covid Toe' Probably Not Caused by Covid-19. **WebMD**, 5 jun. 2020.
24. SCHIVE, Kim. Will Gargling Wash the Virus Away? **MIT Medical**, 13 abr. 2020.

CAPÍTULO 9: FAMÍLIA E AMIGOS

1. **Older Adults and Covid-19**. Centers for Disease Control and Prevention, 11 set. 2020.
2. **Covid-19 Hospitalization and Death by Age**. Centers for Disease Control and Prevention, 11 set. 2020.

3. CHILDREN'S Role in Spread of Virus Bigger Than Thought. **Harvard Gazette**, 20 ago. 2020.
4. DeBIASI, Robert; DELANEY, Meghan. Symptomatic and Asymptomatic Viral Shedding in Pediatric Patients Infected with Severe Acute Respiratory Syndrome Coronavirus 2 (SARSCoV-2): Under the Surface. **JAMA Pediatrics**, 28 ago. 2020.
5. **Health Department-Reported Cases of Multisystem Inflammatory Syndrome in Children (MIS-C) in the United States**. Centers for Disease Control and Prevention, 18 set. 2020.
6. **CDC Childhood Injury Report**. Centers for Disease Control and Prevention, 6 fev. 2019.
7. AS PANDEMIC Drags On, Relationships Are Getting More Serious. **Ipsos**, 4 ago. 2020.
8. FIES, Andy. Surge in Divorces Anticipated in Wake of Covid-19 Quarantine. **ABCNews**, 17 abr. 2020.
9. **As Pandemic Drags On, Relationships**.
10. Ibid.
11. **What to Do If Your Pet Tests Positive for the Virus That Causes Covid-19**. Centers for Disease Control and Prevention, 10 set. 2020.
12. Ibid.

CAPÍTULO 10: LUGARES PÚBLICOS

1. HEFFERNAN, Tim. Can HEPA Air Purifiers Capture the Coronavirus? **New York Times**, 9 jul. 2020.
2. HOW HEPA Filters Have Been Purifying Cabin Air Since the 1990s. **American Airlines Newsroom**, 26 jun. 2020.
3. BARNETT, Arnold. Covid-19 Risk Among Airline Passengers: Should the Middle Seat Stay Empty? **MedRxiv**, 2 ago. 2020.
4. Ibid.
5. Ibid.

6. CRAIG, Jessica. Can Air Conditioners Spread Covid-19? **NPR**, 15 ago. 2020.
7. AIR Conditioning Risks? **MIT Medical**, 23 jun. 2020.
8. **Q&A: Ventilation and Air Conditioning in Public Spaces and Buildings and Covid-19**. Organização Mundial da Saúde, 29 jul. 2020.
9. SANG-HUN, Choe. South Korea Warns of Another Covid-19 Outbreak Tied to a Church. **New York Times**, 16 ago. 2020.
10. JAMES, Allison; EAGLE, Lesli; PHILLIPS, Cassandra; HEDGES, Stephen; BODENHAMER, Cathie; BROWN, Robin; WHEELER, J. Gary; KIRKING, Hannah. **High Covid-19 Attack Rate Among Attendees at Events at a Church**-Arkansas, March 2020. Centers for Disease Control and Prevention, 21 mai. 2020.
11. CONGER, Kate; HEALY, Jack; TOMPKINS, Lucy. Churches Were Eager to Reopen: Now They Are Confronting Coronavirus Cases. **New York Times**, 8 jul. 2020.
12. HART, Megan. Sheboygan County Outbreak Highlights Risks of Reopening Church During Pandemic. **Wisconsin Public Radio**, 17 jun. 2020.
13. AUBREY, Allison; WAMSLEY, Laurel; WROTH, Carmel. From Camping to Dining Out: Here's How Experts Rate the Risks of 14 Summer Activities. **WBUR News**, 23 mai. 2020.

CAPÍTULO 11: PONTOS POSITIVOS

1. SWANSON, Ana. Coronavirus Spurs U.S. Efforts to End China's Chokehold on Drugs. **New York Times**, 11 mar. 2020.
2. RETIRED Doctors and Nurses Don Scrubs Again in Coronavirus Fight. **U.S. News & World Report**, 27 mar. 2020.
3. CAMPBELL, Charlie. Don't Blame China: The Next Pandemic Could Come from Anywhere. **Time**, 10 mar. 2020.

4. WALZER, Christian. The Covid-19 Pandemic Has Introduced Us to a New Word: Zoonosis (Op-Ed). **LiveScience**, 1 abr. 2020.
5. MANDAL, Ananya. Could the Next Pandemic Be 100 Times Worse Than Covid-19? **News Medical Life Sciences**, 2 jun. 2020.

EPÍLOGO

1. DYING in a Leadership Vacuum (editorial). **The New England Journal of Medicine**. Disponível em: <https://www.nejm.org/doi/full/10.1056/NEJMe2029812>. Acesso em: 13 mar. 2021.
2. COVID-19 is Now the Third Leading Cause of Death in the U.S. **Scientific American**. Disponível em: <https://www.scientificamerican.com/article/covid-19-is-now-the-third-leading-cause-of-death-in-the-u-s1/>. Acesso em: 13 mar. 2021.

SUA OPINIÃO É MUITO IMPORTANTE

Mande um e-mail para **opiniao@vreditoras.com.br**
com o título deste livro no campo "Assunto".

1ª edição, jun. 2021

FONTES Granjon 11.75/16.3pt
PAPEL Polen Bold 70g/m²
IMPRESSÃO Lisgráfica
LOTE LIS280521